刚性桩–亚刚性桩复合地基处理技术及其可靠度分析

GANGXINGZHUANG–YAGANGXINGZHUANG
FUHE DIJI CHULI JISHU
JIQI KEKAODU FENXI

何鹏 著

中国电力出版社
CHINA ELECTRIC POWER PRESS

内 容 提 要

本书通过对 CM 桩复合地基及各构成部分作用机理进行了研究分析，推导出了 CM 桩复合地基的简化计算公式，并在理论研究的同时，注重理论与实际相结合，建立了 CM 桩复合地基数值计算模型（FLAC3D），依次以等差级荷载对复合地基进行加载，后逐一变化各材料参数值，进行模拟计算，进而总结出 CM 桩复合地基设计及施工有益的相关结论。

本书适合作为相关技术人员进一步了解 CM 桩复合地基处理技术与工程应用的参考资料，也可供道路桥梁，市政工程、铁道工程、建筑工程等专业的技术人员参考。

图书在版编目（CIP）数据

刚性桩—亚刚性桩复合地基处理技术及其可靠度分析 / 何鹏著 . —北京：中国电力出版社，2017.9

　ISBN 978-7-5198-0865-5

　Ⅰ．①刚⋯　Ⅱ．①何⋯　Ⅲ．①复合桩基－地基处理　Ⅳ．① TU473.1

中国版本图书馆 CIP 数据核字（2017）第 201915 号

出版发行：中国电力出版社
地　　　址：北京市东城区北京站西街 19 号（邮政编码 100005）
网　　　址：http://www.cepp.sgcc.com.cn
责任编辑：王晓蕾
责任校对：郝军燕
装帧设计：王英磊
责任印制：杨晓东

印　　刷：北京九天众诚印刷有限公司
版　　次：2017 年 9 月第一版
印　　次：2017 年 9 月北京第一次印刷
开　　本：787 毫米 ×1092 毫米　16 开本
印　　张：8.75
字　　数：205 千字
定　　价：48.00 元

前　　言

改革开放以来，我国的经济建设飞速发展，各种城市基础设施建设日新月异，城市化进程逐步推进，高楼大厦拔地而起。作为国民经济重大支柱产业之一的土木建筑行业，遇到了空前发展的良好机遇。复合地基在理论和实践上的研究因此也日益得到重视。

复合地基作为一个新概念正在快速地发展。我国幅员辽阔，地质地基条件复杂，软弱土及软弱地基广泛分布，而复合地基技术能较好利用增强体和天然地基两者共同承担建筑物荷载的潜能达到提高地基承载力、减少沉降的目的，因此具有比较经济的特点。

该书作者在 CM 桩复合地基的作用机理、承载性能及其在软土地基中的应用等方面进行了深入的研究。本书共分 8 章，第 1 章～第 3 章从分析软弱土及软弱地基的工程特性及危害与软弱地基常用的处理方法与理念出发，引入 CM 桩复合地基，通过对其各构成部分作用机理进行研究分析。第 4～5 章推导出了 CM 桩复合地基的简化计算公式，并建立 CM 桩复合地基数值计算模型（FLAC3D），进行模拟计算，并对模拟结果进行了分析研究，进而总结对 CM 桩复合地基设计及施工有益的相关结论。第 6 章介绍了 CM 桩复合地基各种桩型的施工方法，以及进行质量检测的方法和标准。第 7 章介绍了 CM 桩复合地基的极限状态公式、各种参数的概率特征及可靠度计算公式。第 8 章通过部分工程实例对 CM 桩复合地基的设计、施工、检测结果进行了校核，并且总结了其实际优势和产生的经济效益。

本书以 CM 桩复合地基为主要研究内容，涉及的理论内容丰富，系统完整，对其他领域复合地基处理技术具有重要的参考价值。在本书编写过程中，郑州市建筑设计院李逵工程师给予了资料以及一些研究成果的帮助，在此表示诚挚的感谢。

CM 桩复合地基处理技术是目前地基处理学科热门的课题，由于水平有限，本书在有些问题的研究和分析还不够完善，恳请广大专家学者对本书赐教指正，以便著者在今后的研究中进一步改进。

著者

2017.6

目　　录

前言

第一章　概述 ··· 1

  1.1　CM 桩复合地基的研究背景 ·································· 1

  1.2　CM 桩复合地基的发展概况 ·································· 2

  1.3　CM 桩复合地基的优越性 ······································ 4

  1.4　本书的主要内容 ··· 5

  本章参考文献 ··· 6

第二章　软弱土及软弱地基 ································· 7

  2.1　软弱土及软弱地基的概念 ···································· 7

  2.2　主要软弱土的特性 ··· 7

  2.3　软弱地基及其处理技术 ·· 13

  2.4　软弱地基的处理新技术——CM 桩复合地基 ········ 23

  本章参考文献 ··· 24

第三章　CM 桩复合地基概述 ···························· 25

  3.1　CM 桩复合地基的设计形成 ································· 25

  3.2　CM 桩复合地基及各构成部分作用机理 ············· 27

  3.3　CM 桩复合地基作用机理 ····································· 31

  3.4　CM 桩复合地基承载性能计算研究 ···················· 35

  本章参考文献 ··· 40

第四章　CM 桩复合地基承载性能分析及其数值模拟分析 ········ 42

  4.1　刚性桩承载性能分析 ·· 42

  4.2　亚刚性桩承载性能分析 ·· 43

  4.3　CM 桩复合地基数值模拟 ····································· 47

  本章参考文献 ··· 55

第五章　CM 桩复合地基设计 ···························· 57

  5.1　设计准备 ··· 57

  5.2　CM 桩复合地基设计 ··· 58

  5.3　设计中需要注意的问题 ·· 65

第六章　CM 桩复合地基施工及质量检测 ············ 68

  6.1　刚性长桩的施工 ··· 68

  6.2　亚刚性短桩的施工 ·· 80

  6.3　褥垫层施工 ··· 82

  6.4　CM 桩复合地基施工注意事项 ···························· 83

 6.5 施工质量检查及承载力检测 ·· 85

 本章参考文献 ·· 89

第七章 CM 桩复合地基的可靠度分析 ·· 90

 7.1 岩土工程可靠度分析基本概念 ·· 90

 7.2 CM 桩复合地基可靠度分析过程 ·· 105

 7.3 复合地基承载力可靠指标计算公式 ·· 109

 本章参考文献 ·· 111

第八章 CM 桩复合地基应用实例 ·· 113

 8.1 CM 桩复合地基设计实例 ·· 113

 8.2 CM 桩复合地基改善已有地基实例 ·· 121

 8.3 CM 桩复合地基检测实例 ·· 124

 8.4 CM 桩复合地基处理效果及经济效益实例 ································ 130

 本章参考文献 ·· 131

第 一 章

概　　述

1.1　CM 桩复合地基的研究背景

我国地域辽阔，土类繁多，沿海地区、内陆平原和山区广泛分布着软弱土。如滨海相沉积的天津塘沽，浙江温州、宁波等地区以及溺谷相沉积的闽江口平原，河滩相沉积的长江中下游、珠江下游、淮河平原、松辽平原等地区均分布有软弱土。内陆（山区）软弱土主要位于湖庭相沉积的洞庭湖、洪泽湖、太湖、鄱阳湖四周和古云梦泽地区边缘地带以及昆明的滇池地区、贵州六盘水地区的洪积扇和煤系地层分布区的山间洼地等[1]。当今社会经济迅猛发展、人口剧增，但我国可利用的土地资源却很有限，从而使得大量的建筑不得不在地质条件不良的软弱土地基上进行修建。国内外工程事故调查表明多数工程事故源于地基问题，特别是在软弱土地基地区，地基问题就显得更为突出。地基不能满足要求时往往会造成地基与基础工程失事，从而影响到上部结构的稳定。因此结合软弱土的工程特性，研究其对工程的影响并提出解决防治的方案显得尤为重要。

处理软弱土地基以往通常采取挖除置换、桩基穿越或人工加固等措施，但要挖除深厚的软弱土层已属不易，加上还要大量运入本地缺乏的良质土砂，因此更是困难。在厚层软弱土中采用长桩，对一般工程来说造价过高。软弱土就地加固的出发点则是最大限度地利用原土，经过适当地改性后作为地基，以承受相应的外荷载。所以，软弱土区各种加固技术日益受到人们的重视，常用的方法都是基于脱水、压密、固化、加筋等原理的。就复合地基来说，单独使用亚刚性桩构成的复合地基已经不能满足现在对地基承载力要求高（容许承载力大于 250kPa）的工程建筑地基的需要。而单独采用刚性桩虽能满足要求，但因桩土刚度比非常大，容易导致应力集中，不利于发挥桩间土的承载能力，这样地基的承载性能也差，同时造价很高，容易造成浪费。刚性桩—亚刚性桩复合地基是解决上述问题一种优秀的方法。刚性桩简称 C 桩，包含素混凝土桩、粉煤灰混凝土桩、沉管灌注桩、钻孔灌注桩、预制混凝土桩、预应力混凝土桩等；亚刚性桩简称 M 桩，包含水泥土桩、水泥砂浆桩、低标号混凝土桩等。刚性桩—亚刚性桩简称 CM 桩。本文主要研究 CM 桩复合地基的承载性能及其应用，给 CM 桩复合地基在软弱土地基的应用提供一定的参考价值。

1.2 CM 桩复合地基的发展概况

我国是发展中国家，建设资金短缺，如何在保证工程质量的前提下节省工程投资十分重要。复合地基技术有较好利用增强体和天然地基两者共同承担建筑物荷载的潜能，比较经济，因此在工程中的应用越来越广。但是对什么是复合地基，无论是学术界还是工程界至今尚无比较统一的认识。复合地基是一个新概念，正在不断发展之中。据考证，复合地基一词国外最早见于 1960 年，国内出现还晚一些。复合地基的含义随着其实践的发展也有一个发展过程。初期，复合地基主要是指在天然地基中设置碎石桩而形成的地基，人们将注意力主要集中在碎石桩复合地基的应用和研究上。随着水泥土搅拌法和高压喷射注浆法在地基处理中的推广应用，人们开始重视水泥土桩复合地基的研究。碎石桩和水泥土桩的差别表现在前者桩体材料碎石为散体材料，后者水泥土为黏结材料。碎石桩属于散体材料桩，水泥土桩属于黏结材料桩。随着水泥土桩复合地基的应用，复合地基的概念发生了变化，由碎石桩复合地基这种散体材料桩逐渐扩展到黏结材料桩复合地基。随着桩和桩筏基础的应用和研究，以及各类低强度混凝土桩复合地基的应用，人们将复合地基的概念进一步拓宽，将黏结材料桩按刚度大小分为亚刚性桩和刚性桩两大类，于是提出了亚刚性桩复合地基和刚性桩复合地基的概念。随着土工合成材料在工程建设中的广泛应用，又出现了水平向增强体复合地基的概念[2]。

在桩体复合地基中，桩的作用是主要的，而地基处理中桩的类型较多，性能变化较大。为此，复合地基的类型按桩的类型进行划分较妥。然而，桩又可以根据成桩所采用的材料以及成桩后桩体的强度（或刚度）来进行分类。

桩体按成桩所采用的材料可分为[3,4]以下几类。

（1）散体土类桩，如碎石桩、砂桩等。

（2）水泥土类桩，如柔性桩、旋喷桩等。

（3）混凝土类桩，如树根桩、CFG 桩等。

桩体按成桩后的桩体的强度（或刚度）可分为以下几类。

（1）亚刚性桩，散体土类桩属于此类桩。

（2）半刚性桩，水泥土类桩。

（3）刚性桩，混凝土类桩。

半刚性桩中水泥掺入量的大小将直接影响桩体的强度。当掺入量较小时，桩体的特性类似于亚刚性桩；而当掺入量较大时，又类似于刚性桩，因此，它具有双重特性。由亚刚性桩和桩间土所组成的复合地基可称为亚刚性桩复合地基，其他依次为半刚性桩复合地基、刚性桩复合地基。

根据复合地基的工作机理，可将复合地基分为以下几类。

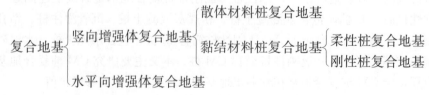

复合地基技术比较适合于我国国情，因此这些年来在我国得到了长足的发展。近年来，我国很多专家学者从事复合地基理论和实践研究。1990 年，在河北承德市，中国建筑学会地基基础专业委员会黄熙龄院士主持召开了我国第一次以复合地基为专题的学术讨论会。会上交流、总结了复合地基技术在我国的应用情况，有力促进了复合地基理论和实践在我国的发展。1996 年中国土木工程学会土力学及基础工程学会地基处理学术委员会在浙江大学召开了复合地基理论和实践学术讨论会，总结成绩、交流经验，共同探讨发展中的问题，促进了复合地基理论和实践水平的进一步提高。

对于亚刚性桩复合地基的理论，许多国外学者如 Omine、Ishizaki 等人进行了相应的研究，并提出了一些有益的结论[5,6]。1997 年国家建设部行文与全国，将 CM 桩三维高强复合地基作为重点推广的新科技成果之一。CM 桩复合地基技术是对现有国内外复合地基进行传力特性、应力分析、垫层效应及承载力等方面的研究分析，并在广泛应用于工程实际后，总结提出的一种新型高强复合地基。其主要工作特性和工作机理为：采用素混凝土刚性桩（C 桩）和亚刚性桩（M 桩）组成的复合地基；合理改善了平面的刚度组合与竖向刚度组合，形成土的三维应力状态；由于显著提高了桩间土的参与作用，使复合地基承载力大幅度提高，并有利于抗震；由于在垂直方向刚度梯度合理，因此可以减少复合地基的沉降。刘利民[7] 等（2001）通过对复合桩基的工作形状进行非线性分析，阐明了复合桩基桩长和桩径变化对桩侧阻力的影响，以及桩间距对复合桩基受力和沉降特性的影响。钱玉林[8]（2001）给出了水泥加固土复合模量的计算公式和试验测定方法。杨军龙[9] 等通过研究长短桩复合地基受力机理，提出了长短桩复合地基的沉降计算模式和实用的计算方法。葛忻声[10] 等（2002）通过杭州软弱土之上的一个工程实例，对软弱土中钢筋混凝土灌注桩-亚刚性桩复合地基的沉降进行了计算，并与实测值进行对比，说明文中所提的复合模量法的沉降计算方法是简便可行的。闫明礼[11] 等（2003）通过理论分析及试验结论研究认为多桩型复合地基和长短桩复合地基设计计算方法完全相同，并给出了多桩型复合地基承载力、复合模量、变形计算公式。梁发云等[12]（2003）对带褥垫层刚-柔混合桩型复合地基工程性状进行了有限元分析。其中刚性桩采用钢筋混凝土沉管灌注桩，亚刚性桩采用水泥搅拌桩，褥垫层由碎石层和素混凝土组成。陈龙珠等[13]（2004）对某 7 层住宅楼带褥垫层 CM 桩复合地基进行现场试验，观察在建造过程中刚性桩、亚刚性桩和地基土的应力变化和基础沉降情况，对桩土荷载分担特性和共同作用机理进行了分析。王明山[14] 等（2005）通过一个具体工程的试验研究，分析了多桩型复合地基桩土应力比、荷载分担比、桩与土承载力发挥等桩土承载性状，并据此提出了若干供工程设计参考的实用结论。

在同济大学 2003 年第六期岩土工程论坛上[15]，学术界对 CM 桩（C 桩即刚性桩，为长桩；M 桩即亚刚性桩，为短桩）复合地基在理论和工程应用方面进行了探讨，从理论和实践上提出了许多设想和宝贵建议。例如，地基长短桩结合深层作用机理、CM 桩复合地基实际应用中的参数取值、CM 桩复合地基在液化砂土层中是否能应用、CM 桩与其他常用桩的结合使用、经济效益比较等。专家们一致认为该项地基技术很有价值，能充分发挥和调动桩间土体参与作用、提高地基承载力，采用这种长短（刚柔）桩结合方式是很有必要的，应该在软弱土地基地区大力推广应用。

1.3 CM桩复合地基的优越性

CM复合地基是由C桩（刚性桩）、M桩（亚刚性桩或兼性桩）、桩土及褥垫层四部分组成的，通过交叉布置CM桩及褥垫层使桩和土共同作用并构成平面及竖向合理的刚度级配梯度，达到理想的协同工作应力状态。即其一，通过采用长C桩（进入深层良好土层）与短M桩（进入浅层较好土层）的合理布置，形成三层地基刚度，从而调整地基的刚度分布，有效控制基础沉降；其二，通过合理确定桩的间距形成土的三维应力状态，使土的强度得到大幅度提高和较充分的利用；其三，通过布置褥垫层使地基与上部结构柔性连接，在水平荷载作用下，可以有效地传递荷载，削弱地震力，提高建筑物抗震性能。

与单一的桩基础相比，由于CM复合地基充分发挥了桩间土的参与作用，其C桩（刚性桩）的间距可以适当加大，桩的数量减少，而直径亦可缩小，这就使桩间土的挤压作用大为减弱，在降低施工难度的同时既减少了工程量，也降低了造价；最重要的是长桩C桩进入底层良好土层就可以，遇岩即停，因此遇到溶洞的概率大大减小，处理溶洞的方法也变得简单很多。CM复合地基这种刚度的调整，符合天然土层"浅弱深强"的一般规律和地基应力传递特征，补强了深浅部的地基刚度分布，并使之充分利用和提高桩间土的参与作用，有效地加强了地基强度。

经过多年的研究、实践与总结，CM桩复合地基在社会基础建设中发挥了很大的作用，其社会效益和经济效益得到了社会的认可，因此该技术将在地基处理领域内发挥更大的作用。其优越性如下。

（1）CM桩复合地基可以有效地提高地基承载力、减少沉降，并利于抗震，因此除可以用于非地震区外，也可以广泛应用于地震区多层和高层建筑、机场、堆场、路基、储罐等多种工程的地基处理。

（2）CM桩复合地基适用于杂填土、软黏性土、大孔土、塘泥土、湿陷性黄土等提高地基承载力并控制建筑物沉降的地基处理。

（3）采用CM桩复合地基可降低工程造价。采用CM复合地基避免了采用预制桩和钻孔灌注桩有可能出现的施工障碍和质量问题，降低了施工难度，保证了安全和质量，更重要的是大大降低了遇到溶洞处理的几率，即使遇到溶洞，其处理方法也较为简单。与普通桩基础工程相比，可节约的工程造价约30%，可缩短的施工工期约1/3。

（4）实践表明，经CM桩高强复合地基技术处理后，复合地基承载力可以提高3～8倍，有利于抗震。凡是在天然地基无法满足补偿性基础要求以及对变形控制较为严格的工程中，CM桩复合地基都是一种较好的选择。

（5）CM桩复合地基沉降量小。长期的工程实践表明，当设计合理时，CM桩复合地基沉降量一般在5～25mm，仅为天然地基沉降量的10%～20%，有效地控制了建筑物总沉降，解决了建筑物不均匀沉降的问题。

（6）CM桩复合地基无须特殊机械设备施工，可以因地制宜地应用于各地区。

（7）CM桩复合地基可用于基础工程的事故处理及建筑物加层改造。

（8）CM桩C桩采用长螺旋钻机一次成桩，不产生泥浆和粉尘，有利于环境保护。

1.4 本书的主要内容

刚性桩与水泥土搅拌桩复合地基能较好地发挥桩和桩间土的承载潜能，因此具有较好的经济效益和社会效益。本书的主要研究工作有以下几点：

（1）从软弱土及软弱地基的概念入手，通过对几种主要软弱土特性的分析，概括了软弱土及软弱地基的工程特性，从而分析软弱土地基的主要问题、主要危害以及常用的处理方法，最后指出了 CM 桩复合地基处理软土地基的优越性。

（2）阐述了刚性桩与水泥土搅拌桩复合地基的设计形成过程；通过对 CM 桩复合地基及各构成部分作用机理进行的研究分析，阐明了褥垫层技术的核心作用；对刚性桩与水泥土搅拌桩复合地基中刚性桩、水泥土搅拌桩的承载性能进行了分析；研究了刚性桩轴向应力的最大位置及其数量对复合地基的影响；对水泥土搅拌桩桩体应力传递数学模型进行了研究，推导了桩体沿深度方向上任意位置的附加应力与桩顶荷载、深度等的函数关系表达式，并由推导公式总结出了相关结论；根据目前众多学者对刚柔性长短桩复合地基探讨及其提出的此类复合地基沉降和承载力的计算理论，本文推导出了刚性桩与水泥土搅拌桩复合地基承载力的简化计算公式，并对刚性桩与水泥土搅拌桩复合地基沉降变形的计算公式进行了简化；推导出的简化计算公式在后来的工程实例复合地基承载力、沉降变形计算中得到了运用，并结合实践进行了验证分析。

（3）建立刚性桩与水泥土搅拌桩复合地基数值计算模型（FLAC3D），依次以等差级荷载对复合地基进行加载，后逐一变化各材料参数值，进行模拟计算，并对模拟结果进行了分析研究，进而总结对 CM 桩复合地基设计及施工有益的相关结论。

（4）对 CM 桩复合地基的适用范围、构造设计、承载力以及沉降计算进行了介绍，对设计中存在的问题进行了分析，并且对 CM 桩复合地基的加固机理进行了更深入的探讨。

（5）就 CM 桩复合地基中常见的桩型，如灌注桩、素混凝土桩、预制混凝土桩、水泥土桩和水泥砂浆桩一等的施工方法进行了介绍，并且对 CM 桩复合地基的施工质量检验和承载力检测方法进行了介绍。

（6）就目前用途比较广泛的可靠性分析理论进行了探讨，介绍了可靠度计算的方法，并且将其运用到了 CM 桩复合地基的可靠度计算，分析了影响 CM 桩复合地基中的荷载效应并且推导出了 CM 复合地基的极限状态方程和可靠度指标计算公式。

（7）以 CM 桩复合地基实际运用的四个实例分别介绍了 CM 桩复合地基应用的优化设计及运用总结的简化公式计算其承载力、沉降变形的过程，并与实践进行了比较分析，进一步阐述本例刚性桩与水泥土搅拌桩复合地基的应用（施工相关问题）；通过 CM 桩复合地基改善已有地基的实例，阐述了 CM 桩复合地基处理失效地基的处理方法；通过一个 CM 桩的检测实例，介绍 CM 桩承载力检测常用的方法以及检测成果的表达方式；通过一个 CM 桩复合地基处理软弱地基的方法，阐述了 CM 桩复合地基作为一种地基处理的方法所产生的经济效益和社会效益。

本 章 参 考 文 献

[1] 孙宪立，石振明. 工程地质学 [M]. 北京：中国建筑工业出版社，2001.

[2] 龚晓南. 复合地基引论（一）[M]. 地基处理，1991，2（3）.

[3] 龚晓南. 复合地基引论（二）[M]. 地基处理，1991，2（4）.

[4] 龚晓南. 复合地基设计和施工指南 [M]. 北京：人民交通出版社，2003.

[5] Kang-He Xie，Meng-Meng Lu，An-Feng Hu，Guo-Hong Chen. A general theoretical solution for the consolidation of a composite foundation [J]. Computers and Geotechnics，2008：361.

[6] Chang-cun Gu，Chang-di Hong，Wen-bin Ma，Xue-ping Li. Calculation method of composite foundation sedimentation of grouting pile with cover plate under embankment load [J]. Journal of Central South University of Technology，2008：152.

[7] 王思敬. 工程地质学的大成综合理论 [J]. 工程地质学报，2011（01）：1-5.

[8] 高玉杰. 复合地基理论发展综述 [J]. 水运工程，2006（10）：206-211.

[9] 唐连军，王艳丽，王应峰，赵小飞. 复合地基工程理论研究回顾与展望 [J]. 中国西部科技，2010（09）：32-34.

[10] 龚晓南. 广义复合地基理论及工程应用 [J]. 岩土工程学报，2007（01）：1-13.

[11] 雷华阳. 复合地基应用进展和发展趋势 [J]. 岩土工程技术，2002（05）：260-264.

[12] 王宁伟. 复合地基理论及工程应用研究 [D]. 中国地震局工程力学研究所，2006.

[13] 徐彪，杨建永，刘佳. 复合地基的国内外研究动态及未来发展趋势 [J]. 科技广场，2004（07）：85-87.

[14] Ping Yang，He-song Hu，Jian-feng Xu. Settlement Characteristics of Pile Composite Foundation under Staged Loading [J]. Procedia Environmental Sciences，2012（12）.

[15] 牛志荣. 地基处理及工程应用 [M]. 北京：中国建材工业出版社，2004.

第二章

软弱土及软弱地基

2.1 软弱土及软弱地基的概念

软弱土指淤泥、淤泥质土和部分冲填土、杂填土及其他高压缩性土。由软弱土组成的地基称为软弱土地基。淤泥、淤泥质土在工程上统称为软土,其具有特殊的物理力学性质,从而导致了其特有的工程性质。软弱土的特性是天然含水量高、天然孔隙比大、抗剪强度低、压缩系数高、渗透系数小,在外荷载作用下的地基承载力低、地基变形大,不均匀变形也大,且达到变形稳定历时较长。

根据《建筑地基基础设计规范》(GB 5007—2011) 7.1.1规定,软弱地基系指主要由上述软弱土构成的地基[1]。

2.2 主要软弱土的特性

2.2.1 软土

1. 概述

淤泥、淤泥质土为软土的主要大类,因此此章节主要叙述一些软土的形成以及工程特性。软土是自然历史的产物,是随着古地理、气候、沉积环境的变化而形成的,一般是指在滨海、湖泊、谷地、河滩沉积的天然含水量高、孔隙比大、压缩性高、抗剪强度和承载力低的软塑到流塑状态细粒土,如淤泥和淤泥质土以及其他高压缩性饱和黏性土、粉土。淤泥和淤泥质土是指在静水或缓慢的流水环境中沉积,经生物化学作用形成的黏性土,含有机质,天然含水量大于液限。我国地域辽阔,各地软土形成环境、年代等条件千差万别,其分布、厚度、性质各不相同,水方向有差异性,垂直方向也具不均匀性,所表现出的抗剪强度、压缩性、透水性等特性也不一样。

2. 软土的组成和结构特征

软土形成于水流不畅通、饱和缺氧的静水盆地,主要是由黏粒和粉粒等细小颗粒组成。

黏土粒的矿物成分一般以锰脱石、高岭石和水云母为主，有机质含量一般为 5％～15％，最大达 17％～25％。这些黏土矿物和有机质颗粒表面带有大量负电荷，与带阳离子的水分子作用非常强烈，会在其颗粒外围形成很厚的结合水膜。在沉积过程中，由于粒间静电引力和分子引力作用，形成各种絮状和蜂窝状结构[2]。

软土的矿物组成主要为石英、长石、白云母及大量的黏土矿物，有时含碳酸盐及微量易溶盐，时含黄铁矿。黏土矿物中以伊利石和蒙脱石为主，反映了软土缺氧的碱性环境。在南方一些地方，黏土矿物主要为高岭石，这主要是风化程度不同造成的。

含有微生物和各种有机质是软土的最大特点。有机质的存在，给予淤泥特殊的性质，如颗粒比重小、天然含水量很大、水很难排出等，这是基于有机质这种胶体颗粒的结合水膜厚度比一般黏土矿物颗粒更大的缘故。

3. 软土的工程特性

软土是指天然含水量大、压缩性高、承载力和抗剪强度很低的呈软塑—流塑状态的黏性土。软土可分为软黏性土、淤泥质土、淤泥、泥炭质土和泥炭等，是第四纪后期于沿海地区的滨海相、潟湖相、三角洲相和溺谷相；内陆平原或山区的湖相和冲积洪积沼泽相等静水或非常缓慢的流水环境中沉积，并经生物化学作用形成的饱和软黏性土。

软土广泛分布在我国沿海地区、内陆平原的河滩、阶地、冲沟、湖泊以及平缓谷地等区域。其颜色多为灰绿色、灰黑色，手摸有滑腻感，能染指，富含有机质，有机质含量高时有腥臭味；颗粒成分主要为黏粒及粉粒，黏粒含量高达 60％～70％；天然含水量 W 大于液限 W_L，天然孔隙比 e 大于或等于 1.0；具有典型的海绵状或蜂窝状结构，其孔隙比大、含水量高、透水性小、压缩性大，这是软土强度低的重要原因。

分类 1：当 $e \geqslant 1.5$ 时，称淤泥；当 $1.5 > e \geqslant 1.0$ 时，称淤泥质土。它是淤泥与一般黏性土的过渡类型。

分类 2：当土中有机质含量为 5％～10％时称有机质土；当有机质含量为 10％～60％时称泥炭质土；当有机质含量大于 60％时称泥炭。泥炭是未充分分解的植物遗体堆积而成的一种高有机土，呈深褐至黑色。其含水量极高，压缩性很大且不均匀，往往以夹层或透镜体构造存在于一般黏性土或淤泥质土层中，对工程极为不利。

软土的工程性质具有以下几个特点。

（1）高含水量和高孔隙性。软土颗粒联结弱，彼此分散，孔隙比大（一般大于 1，高者可达 5.8），含水量高、沉积年代久的软土，孔隙比 e 和含水量会降低。

据统计：淤泥和淤泥质土的天然含水量多为 50％～70％，最大达 127％（贵州中槽司湖积淤泥）。液限一般为 40％～60％，天然含水量随液限的增大成正比增加。

该类土的天然孔隙比一般为 1.0～2.0，最大达 2.47（昆明滇池淤泥层）。其饱和度一般大于 95％，故天然含水量与天然孔隙比呈直线变化关系。

（2）渗透性弱。其渗透系数值一般在 $10^{-8} \sim 10^{-4}$ cm/s，而大部分淤泥和淤泥质土地区，由于该土层中夹有数量不等的薄层或极薄层粉、细砂、粉土等，故在垂直方向的渗透性较水平方向要小一些。

由于该类土渗透系数小，含水量大，且呈饱和状态，这不但延缓其土体的固结过程，而且在加荷初期，常易出现较高的孔隙水压力，对地基强度有显著的影响。

（3）压缩性高。淤泥和淤泥质土的压缩系数 $a_{0.1\sim0.2}$ 一般为 $0.7\sim1.5\text{MPa}^{-1}$，最大达 4.5MPa^{-1}（渤海海淤），它随着土的液限和天然含水量的增大而增高，该类土的高压缩性是引起其地基大量变形的主要原因。

该类土的高压缩性的形成，首先在于其一定程度的欠压密性。如前所述，这与其处于形成初期一定强度的粒间联结的形成，从而阻碍它的进一步压密有关。在水中，由于黏土矿物颗粒轻，且有较厚的结合水膜，故沉积很慢，而沉积速度越小于其粒间联结力的增长速度，土体欠压密程度必然越大；其次，与其组成成分和结构所决定的高溶水性以及低渗透性有关，因而水分不易排出，不易压密。

由于该类土具有上述高溶水性、低渗透性以及高压缩性等特性，因此，就其土质本身的因素而言，该类土在建筑荷载作用下的变形有以下的特点。

1）变形大而不均匀。数据显示，相同条件下，淤泥和淤泥质土地基的变形量比一般黏性土地基要大若干倍，因此上部荷重的差异和复杂的体型都会引起严重的差异沉降和倾斜。

2）变形稳定历时长。建筑物的沉降变形主要是由于地基土体受荷载后排水固结作用所引起的，因为淤泥和淤泥质土的渗透性很弱，水分不易排出，故使建筑物沉降稳定历时较长。

（4）抗剪强度低。其抗剪强度与加荷速度及排水固结条件密切相关，不排水三轴快剪所得抗剪强度值很小，且与其侧压力大小无关，即其内摩擦角为零，其内聚力一般都小于20kPa；直剪快剪内摩擦角一般为 $2°\sim5°$，内聚力为 $10\sim15$kPa；排水条件下的抗剪强度随固结程度的增加而增大，固结快剪的内摩擦角可达 $8°\sim12°$，内聚力在 20kPa 左右，这是因为在土体受荷时，其中孔隙水有充分排出的条件下，使土体得到正常的压密，从而逐步提高其强度。

（5）触变性。由于软土的结构性在其强度的形成中占据了相当重要的地位，则触变性也是它的一个突出的性质。软土受到振动，颗粒联结破坏，土体强度降低，呈流动状态，称为触变，也称振动液化。

软土的触变性系指其土体强度因受扰动而削弱、又因静置而增强的特性，即软土在其结构为被破坏时，一般呈软塑状态，一经扰动，致使结构破坏时，土体强度便会变小，甚至呈流塑状态，但如果将受过扰动的软土静置一定的时间，则其强度将随静置时间的增大而增长。触变用灵敏度 S_τ 表示，则有

$$S_\tau = \frac{\tau_f}{\tau_f'}$$

式中　τ_f——天然结构的抗剪强度；

　　　τ_f'——结构扰动后的抗剪强度。

4．软土的承载力及物理力学指标

沿海地区淤泥和淤泥质土承载力见表 2-1。各类软土的物理力学指标及主要软土地区不

同成因、类型软土的物理力学指标见表 2-2。

表 2-1　　　　　　　　　　沿海地区淤泥和淤泥质土承载力 f_0

天然含水量 w（%）	36	40	45	50	55	65	75
f_0（kPa）	100	90	80	70	60	50	40

表 2-2　　　　　　　　　　各类软土的物理力学指标统计表

成因类型	天然含水量 w（%）	重度 γ（kN/m³）	天然孔隙比 e	抗剪强度		压缩系数 α（MPa⁻¹）	灵敏度 S_t
				内摩擦角 φ（°）	黏聚力 c（kPa）		
滨海沉积土	40～100	15～18	1.0～2.3	1～7	2～20	1.2～3.5	2～7
湖泊沉积土	30～60	15～19	1.0～1.8	0～10	5～30	0.8～3.0	2～7
河滩沉积土	35～70	15～19	1.0～1.8	0～11	5～25	0.8～3.0	4～8
沼泽沉积土	40～120	14～19	1.0～1.5	0	5～19	＞0.5	2～10

2.2.2　冲填土

1. 概述

冲填土系由水力冲填泥沙沉积形成的填土，常见于沿海地带和江河两岸。冲填土的特性与其颗粒组成有关，此类土含水量较大，压缩性较高，强度低，具有软土性质。它的工程性质随土的颗粒组成、均匀性和排水固结条件不同而异，当含砂量较多时，其性质基本上和粉细砂相同或类似，就不属于软弱土；当黏土颗粒含量较多时，往往欠固结，其强度和压缩性指标都比天然沉积土差，则应进行地基处理。

2. 充填土的工程特性

冲填土（也称吹填土）系由水力冲填泥砂形成的沉积土，即在整理和疏浚江河航道时，有计划用挖泥船，通过泥浆泵将泥砂夹大量水分，吹送至江河两岸而形成一种填土。我国长江、上海黄浦江、广州珠江两岸，都分布有不同性质的冲填土，由于冲填土的形成方式特殊，因而具有不同于其他类土的工程特性。

（1）不均匀性。冲填土的颗粒组成随泥砂的来源而变化，有砂粒也有黏土粒和粉土粒。在吹泥的出口处，沉积的土粒较粗，甚至有石块；顺着出口向外围则逐渐变细。在冲填过程中由于泥砂来源的变化，导致冲填土在纵横方向上具有不均匀性，故土层多呈透镜体状或薄层状出现。有计划有目的地预先采取一些措施后冲填的土，土层的均匀性较好，类似于冲积地层。

（2）透水性能弱，排水固结差，冲填土的含水量大，一般大于液限，呈软塑或流塑状态。当黏粒含量多时，水分不易排出，土体形成初期呈流塑状态，后来虽土层表面经蒸发干缩龟裂，但下面土层由于水分不易排出，仍处于流塑状态，稍加触动即发生触变现象。因此冲填土多属于未完成自重固结的高压缩性的软土。土的结构需要有一定时间进行再组合，土的有效应力要在排水固结条件下才能提高。

土的排水固结条件，也决定于原地面的形态。如果原地面高低不平或局部低洼，则冲填后土内水分排不出去，长时间仍处于饱和状态；如果冲填于易排水的地段或采取了排水措施，则固结进程加快。

尽管冲填土一般工程性质较差，但并不能排除利用其作为天然地基的可能性。对于荷重较小，容许地基有较大下沉变形的民用建筑，或对于那些冲填时间较长、排水固结较好的冲填土，可以考虑采用天然地基。例如，广州为了改善人民的居住条件，需要在沿江一带兴建居民住宅区，建筑地点是一片河漫滩，在沿江旧堤外已有新建江堤，新旧堤间为一片低洼水塘，需要完成大量填方后才能进行建筑施工，照此方案工程量大、工期长造价高。后来设计部门发扬了开拓与求实相结合的精神，利用建筑地点位于江边的有利条件，把新堤外河砂冲填到上面来，大胆采用了大片冲填砂层作为天然地基的设计方案。填砂层厚2.0～3.0m，为一般墙基宽度的3～4倍，形成一层较厚的砂垫层，由于整片砂是在短期内同样条件下冲填而成的，相对比较均匀，尽管预计沉降量大，但沉降相对会比较均匀，只要预先提高地面设计标高，沉降量大一些也不会影响建筑物正常使用。在冲填完成后进行了大量的测试工作，如荷载试验、填砂层中的水位测量，并通过轻便钎探查明冲填土的密实度变化情况。除通过上述勘察工作掌握了地基土的第一性资料外，在设计时又采取了一系列结构措施，如尽可能采用比较简单整齐的建筑平面、立面，要求荷载比较均匀，加强纵横隔墙的刚度，设置地基梁和圈梁。该建筑物建成三年后，一般沉降值为 25～30cm，相对挠曲不超过 1%，有不同程度的倾斜，1971 年底经现场调查，并未发现因地基变形而造成的不良影响，使用情况良好。

对于冲填砂一般认为性质较好，而当冲填土中含黏粒较多时，是否能作为天然地基，也应视具体情况分析确定。例如，上海某厂一车间，其地基土为不同时间填积的，土质软弱，黏粒含量较多，地面凹凸不平，池塘、坑洼遍布，积水较多，附加压力用 72kPa，由于受到深埋设备基础影响埋深不一，以及工艺需要有些柱距放大，导致作用于各柱基底面的压力较为悬殊，该建筑物建成后不久即产生不同程度的不均匀沉降，围护结构和地坪都出现开裂现象。又如，上海某厂建筑场地为冲填粉质黏土，土质软弱且不均匀，灵敏度极高，经调查了解，该土已冲填 30 余年，厚度达 9.1～11.03m，钻探时取土困难，因此现场作了五台载荷试验。采用条形基础，基底最大压力为 100kPa，该建筑物于 1955 年建成，使用情况正常，未发现吊车行驶困难及建筑物开裂情况。

通过以上几个实例可以说明，对于冲填土应进行细致的调查研究和勘探试验工作，查明冲填土的组成、冲填年代和固结情况及物理力学性质的均匀性、分布范围和下卧层土质情况。与此同时，还应考虑到地基土与上部建筑的共同作用，适当加强上部结构措施。总之，冲填土应根据具体情况区别对待。

2.2.3 杂填土

1. 概述

杂填土系含有大量建筑垃圾、工业废料及生活垃圾等杂物的填土。常见于一些较古老城市和工矿区。它的成因没有规律，成分复杂，分布极不均匀，厚度变化大，有机质含量较多，性质也不相同，且无规律性。它的主要特性是土质结构比较松散，均匀性差，变形大，承载力低，压缩性高，有浸水湿陷性，就是在同一建筑物场地的不同位置，地基承载力和压缩性也有较大的差异，一般需要经处理才能作建筑物地基。有机质含量较多的生活垃圾和对基础油侵蚀性的工业废料等杂填土地基，未经处理，不宜作为持力层。

2. 杂填土的工程特性

（1）杂填土按其组成物质成分和特征可分为以下几类。

1）建筑垃圾土：主要为碎砖、瓦砾、朽木等建筑垃圾夹土石组成，有机质含量较少。

2）工业废料土：由现代工业生产的废渣、废料堆积而成，如矿渣、煤渣、电石渣等以及其他工业废料夹少量土类组成。

3）生活垃圾土：填土由大量居民生活中抛弃的废物，诸如炉灰、布片、菜皮、陶瓷片等杂物夹土类组成，一般含有机质和未分解的腐殖质较多，组成物质混杂、松散。

对于以上杂填土各地都做了大量的试验研究工作，认为以生活垃圾和腐蚀性及易变性工业废料为主要成分的杂填土一般不宜作为建筑物地基。对以建筑垃圾或工业废料主要组成的杂填土，采用适当（简单、易行、收效好）的措施进行处理后可以作为一般建筑物地基，当其均匀性和密实度较好，能满足建筑物对地基的承载力要求时，可不作处理直接利用。

例如，浙江某大楼工程，地基土为建筑垃圾，其土层组成情况为：表层填土主要为瓦砾、碎砖、石块等，土质松散，厚1.2m；第二层以瓦砾、碎砖、褐色黏性土为主，厚1m左右，较为密实且均匀；第三层是灰色黏土层，厚约2.2m；第四层是灰色淤泥质亚黏土，分布全区，平均厚度5.5m。

该工程经过认真细致的勘察，摸清了填土及暗浜分布情况，除局部在暗浜通过处采用短桩外，其他基础全落在第二层较密实、均匀的杂填土层上。因考虑基础底面以下1m有一层较软弱的下卧层，因此设计采用基底压力90~100kPa，同时适当加强了上部刚度，建成后，至今情况良好。

在利用工业垃圾作为地基方面，如上海某公司一车间，建筑场地为20世纪50年代填积的钢渣，开挖时有架空现象，钢渣间的空隙为炉渣等杂物充填，如把钢渣全部挖掉工程量很大。考虑到该车间荷重较小，结构简单，后采用3t落锤洒水夯打（用履带式吊车及打桩落锤，落高1.2m），地基承载力采用50kPa。该工程于1962年建成，使用情况尚好。又如杭州某厂铸工车间，该建筑场地地势平坦，但经钻探后发现为一暗塘，暗塘均被炉碴、油污及生活垃圾等充填。炉碴颗粒大小混杂，呈蜂巢结构，孔隙为水充填，该层煤渣土厚达 3.2m，其下为钱塘江冲积砂层，地下水埋深 0.7m，经过几种地基方案的比较，最后采用了浅埋疏排块石基础。为了解水下细粒炉渣作为持力层的可靠性，以及为反映炉渣土的全部受荷规律，进行了以实体杯基为承压台（3.2m×3.1m）的现场原形荷载试验，加荷分 8 级，每级加 10t，后由于厂方铁锭困难，试压至 74kPa 左右停止，经校正沉降仅 1.537cm，地基土未破坏。但考虑到炉渣土的不均匀性，估计实际下沉量比试验值大，因此设计取用最大基底压力 100kPa。

上述现场试验说明，利用水下松散、细粒炉渣土作为一般厂房或民用建筑的地基持力层是可行的。

（2）在利用杂填土作为地基时应注意以下岩土工程问题。

1）性质不均厚度及密度变化大。由于杂填土的堆积条件、堆积时间，特别是物质来源和组成成分的复杂和差异，造成杂填土的性质很不均匀，密度变化大，分布范围及厚度的变化均缺乏规律性，带有极大的人为随意性，往往在很小范围内变化很大。当杂填土的堆积时间越长，物质组成越均匀，颗粒越粗，有机物含量越少，则作为天然地基的可能性越大。

2）变形大并有湿陷性。就其变形特性而言，杂填土往往是一种欠压密土，一般具有较高的压缩性。对于部分新的杂填土，除正常荷载作用下的沉降外，还存在自重压力下沉降及湿陷变形的特点；对于生活垃圾土，还存在因进一步分解腐殖质而引起的变形。在干旱和半干旱地区，干或稍湿的杂填土往往具有浸水湿陷性。堆积时间短、结构疏松，这是杂填土浸水湿陷和变形大的主要原因。

3）压缩性大强度低。杂填土的物质成分异常复杂，不同物质成分直接影响土的工程性质。当建筑垃圾土的组成物以砖块为主时，杂填土优于以瓦片为主的土。建筑垃圾土和工业废料土，在一般情况下优于生活垃圾土。因生活垃圾土物质成分杂乱，含大量有机质和未分解的腐殖质，具有很大的压缩性和很低的强度，因此即使堆积时间较长，仍较松软。

2.2.4 其他高压缩性土

饱和的松散粉细沙（含部分粉质黏土）也属于软弱地基的范畴。当受到机械振动和地震荷载重复作用时，饱和的松散粉细砂将产生液化现象；基坑开挖时会产生流砂或管涌，再由于建筑物的荷重及地下水的下降，也会促使砂土下沉。其他特殊土如湿陷性黄土、膨胀土、盐渍土、红黏土以及季节性冻土等特殊土的不良地基现象，也属于需要地基处理的软弱地基范畴。

2.3 软弱地基及其处理技术

2.3.1 软弱地基的主要问题

各类工程对地基的要求可归纳为下列三个方面的要求：①地基承载力或稳定性方面的问题；②渗流方面的问题；③沉降或不均匀沉降问题。工程都会遇到地基承载力和地沉降、不均匀沉降问题。地基基础的沉降特别是不均匀沉降的可能导致构筑物产生裂缝、倾斜，影响建筑物正常使用和安全，严重的时候甚至引起上部结构破坏和倒塌。由此可见，工程中的软土地基沉降问题的重要性和关键性是不言而喻的。

概括地说，软弱地基面临的主要问题是强度、稳定性、沉降以及不均匀沉降问题。当地基的抗剪强度不足以支承上部结构的自重及外荷载时，地基就会产生局部或整体剪切破坏。在地基在上部结构的自重及外荷载作用下，产生过大的变形以致影响构筑物的正常使用，特别是超过构筑物所能容许的不均匀沉降时，结构就可能开裂破坏。此外沉降量较大时，不均匀沉降往往也较大[3]。

2.3.2 软弱地基的主要危害

软弱地基的承载力、地基沉降以及不均匀沉降问题比一般地基更为显著和突出，特别是不均匀沉降，其危害是很大的。地基不均匀沉降发生的原因可能有很多。例如，地基土压缩层分布不均匀，上部结构荷载分布差异过大，邻近范围荷载的影响，邻近范围施工开挖的影响以及对持力层的扰动，构筑物结构或基础设计本身的缺陷，构筑物地基处理本身的缺陷等等，这些有可能成为导致地基不均匀沉降发生的直接原因，软土地基随之会带来构筑物的一些上部结构问题[4,5]。其发生的机理为：构筑物通过基础把竖向体系传来的荷载（轴向力）传递给地基，地基产生的反力作用在基础底面上。只有当其与轴向力平衡时，才能保证构筑物结构的稳定与完整性。如果因某些原因导致基础下局部地基土发生剪切、下沉、土层滑移等变位，破坏了轴向力与地基反力的平衡，则地基与基础之间就呈松散接触或不接触，构筑物将出现不均匀沉降；而如果上部结构的这种变形是不自由的，是受到约束的，则会产生结构次内力，如果产生的次内力情况比较严重，则会引起上部结构的破坏和损害，若结构内力分布出现大的改变，则会使构筑物产生破坏而不能正常使用。

2.3.3 软弱地基事故实例

软弱地基的危害是：承载力低，变形大，特别是不均匀变形大，而且变形稳定时间很长，时间长达几年甚至几十年。软弱地基往往造成建筑物沉降大且不均匀，导致建筑物开裂、倾斜等。近几年我国出现了很多由于软弱地基处理不当引起的事故，现举例如下。

1. 软弱地基处理不当事故

【例1】 2009年6月27日上海闵行区某在建13层住宅楼于清晨出现连根"卧倒"的事件，现场如图2-1所示。事后专家分析，最有可能是地基出现问题，因为莲花河畔景苑所在的区域属于上海流沙比较严重的区域，其地基是属于我们常说的软土地基，如果地基不经过加固处理，很容易引起房屋倾斜。专家认为由于是对土芯取样出现问题，导致设计存在偏差；或者是打桩不深、水泥标号等存在问题。因为地桩的水泥有高标要求，如果没有达到要求则会发生断裂。（资源来源于网络）

【例2】　2010年8月，福建某房地产开发有限公司开发的3号楼地基塌陷一事，以及各地不断传来的"楼薄薄""楼脆脆""楼歪歪"等新闻，如此多的房屋出现质量问题，已经让老百姓不寒而栗。

【例3】　2004年4月4日下午4时左右，福建某高速公路马尾到琯头段长柄高架桥往北500m处发生大面积塌方，塌方路段长度约70m，塌陷落差约15m，现场如图2-2所示。陷下去的公路上有一辆小轿车。驾驶员心有余悸地告诉记者，当时的感觉就像乘电梯往下掉，所幸人车都没有受损。据福建省高速公路公司负责人介绍，造成事故的主要原因是路基软、土质差，淤泥又深又厚，雨季来临使地下淤泥产生流动。

图2-1　上海闵行区某倒楼案　　　　　图2-2　软弱地基事故实例

2. 软弱地基事故后处理实例

【例4】　北京某校教室楼为三层砖混结构，二、三层为现浇钢筋混凝土大梁和预制楼板，屋盖为木屋架、瓦屋面，西侧辅助房间及楼梯间为四层钢筋混凝土现浇楼盖。此楼设计时即发现基础落在不均匀土层上：东南角下为较坚实的亚黏土，而西北占总面积2/3范围内却有高压缩性有机土及泥炭层，厚2～3m。当时的处理措施是：对可能位于泥炭层上的基础都采用钢筋混凝土条形基础，并将地基承载力由120kN/m²降至80kN/m²，同时在二、三层楼板下设置圈梁。此楼建成使用后第二年即多处开裂，房屋微倾，不得不停止使用，12年后进行加固。

（1）房屋开裂和倾斜情况。东、西立面墙体裂缝如图2-3（a）（b）所示。其中最宽的裂缝在西立面⑧轴线边，自墙顶起直达房屋半高，裂缝宽30mm左右；⑧轴线屋架下内纵墙的壁柱也被拉裂，错开30mm左右，这是北墙一端下沉，与内纵墙相连的拉梁将壁柱拉裂的缘故。在二、三层楼面上，⑨⑩轴线附近有贯通房屋东西向的裂缝，宽10～20mm不等[图2-3（c）（d）]。房屋东南角沉降小，西北角沉降大，相对沉降差82～84mm[图2-3（e）]。地基处表层为填土，疏松，厚2～3.5m；第二层为亚黏土，褐灰色，$a_{1-2}=0.45MPa^{-1}$，厚1～1.5m；第三层为有机土，灰黑色，较软弱，550℃烧灼失量5%～15%，厚0.5～1.4m；第四层为泥炭层，黑绿色，含大量未分解植物质，烧灼失量15%～5%，=155%～160%，$e=3.54～3.82$，$a_{1-2}=3～3.6MPa^{-1}$，属超高压缩性，此层厚不均匀，多数0.5～2.3m，西端薄中部厚，东南角无此泥炭层；第五层为砂砾石，密实，厚0.8～1.5m；第六层为亚黏土，黄褐色，厚8～16.8m。

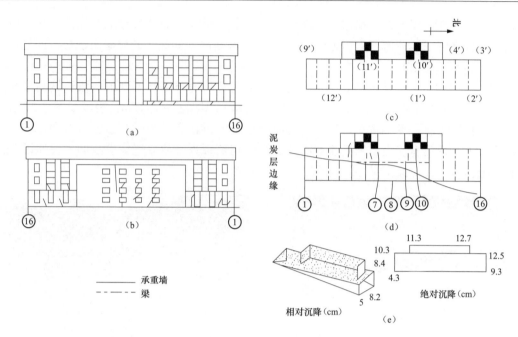

图 2-3 平面及裂缝情况

（2）事故原因分析。

1）本楼位于古池塘边缘，泥炭层边线正处于房屋对角线上。如果该楼在规划设计时东移、西移或做穿越泥炭层的桩基、采用换土地基等措施，都能避免此事故发生。所以事故主因是未处理好勘察、地基处理和建筑总平面三者的关系。

2）对已发现局部超压缩性软弱地基的处理方案是错误的。仅采用降低地基承载力、加大钢筋混凝土基础底面积、在二、三层设置圈梁的做法，这对地基实际发生的不均匀变形基本上不能起抵御作用。

3）房屋上部结构布置未适应地基变形特色，有以下三点失误。

a. 房屋中部有两个空旷楼梯间，使楼面整体性在此处严重削弱。

b. 教室，三层基本上是一个长 56m 宽 12m 的大房间（中间只有两排砖垛作为横墙相连），整个房屋的空间刚度太弱。

c. 房北端为阶梯教室，室内填土从北向南坡下，加剧了北部的沉降。

从以上因素分析，该楼必然西北部的沉降大于东南部。

整个房屋如同既受反向弯矩又受扭矩的梁。裂缝必然集中在房屋中部薄弱部位的顶端，上屋楼面和墙体的裂缝必然多于下层。

此楼需要等待沉降基本停止后方可进行加固处理，为此等待了 12 年。

曾经考虑矽化法加固（因有机土和泥炭土很难与化学浆液化合胶结而放弃）、现浇混凝土桩托梁法（因施工困难，费用太高而放弃）、拆除第三层改为两层的减荷法（因影响使用而放弃）等处理措施。

最后决定采用以下"增设圈梁、加固墙体"的做法。

1）暂拆木屋盖，在三层顶部增设一现浇内外墙交圈的钢筋混凝土圈梁 540mm×

350mm，4φ22，做完后再将木屋盖恢复。

2）在三层楼板顶皮标高处加设一层现浇内外墙的钢筋混凝土圈梁（室外 160mm×680mm，8φ22；室内 260mm×200mm，4φ22），每隔 1m 用螺栓穿过砖墙加以连接。

3）在二层楼板顶皮标高处也增设类似圈梁。

4）在外墙窗间墙和 4 个墙角，加设上下贯通的钢筋（4φ16），并锚固在基础上，保证各层圈梁能共同工作。

5）外墙内外两面加设 φ6@200 的钢筋网并喷一层 30mm 水泥砂浆。

目前，此教室楼已安全使用多年，未发现新的开裂情况。

【例 5】 北京某库房楼，位于一荷花池东南侧、东西干道北侧。该库房为两层楼房，平面呈一字形，东西向长 47.28m，南北向宽 10.68m，高 7.50m。库房正中为楼梯间，东西各两大间，每间长 10.80m、宽 10.20m，中部有两个独立柱基。内外墙均为条形基础。

（1）房屋开裂情况。

此楼 1980 年动工，当年 6 月竣工后使用。一年后在库房西侧二楼墙上即发现有裂缝。此后，裂缝数量增多，裂缝长度延伸，裂缝宽度扩展。1984 年 4 月曾对此库房作详细调查统计，大裂缝已有 33 条，有的裂缝长度超过 1.80m，宽度达 10～30mm，且地面多处开裂。

1984 年 6 月 4 日在库房一楼西大间南墙裂缝处贴纸，6 月 8 日纸即被撕开，说明裂缝发展速度较快。同年 10 月，实测该裂缝长达 2.80m，宽为 6～8mm。1991 年 2 月 15 日再度实测该处裂缝，发现已长达 3.20m，缝宽为 8～10mm，且墙内外贯通。说明 6 年多来库房的沉降仍在发展，但已有收敛的趋势。

1979 年在该库房楼设计时所采用的建筑地基勘察报告地层剖面图如图 2-4 所示。该报告建议的地基持力层为②层，地基设计强度取 $f=100\text{kN/m}^2$。

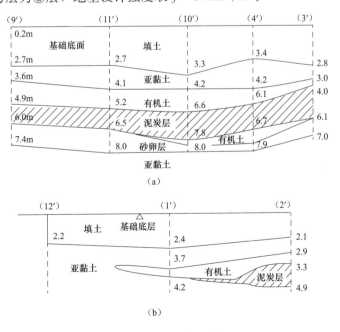

图 2-4　地层剖面图

为研究事故原因和加固方案,于1984年10月重新钻探,在库房南北外墙各布置4孔,孔深6～7m,都钻至坚实卵石层终孔。同时进行原位测试与土工试验。查明土层分布情况为:表面为填土,疏松,厚1.65～2.30m;第二层②为新近代冲积黏性土,场地南为黏土,场地北还有粉质黏土和粉土,呈可塑至软塑状态,厚1.15～2.23m;第三层③为有机土和泥炭,黑色;有机土为饱和可塑状态,厚0.3～1.5m不等,泥炭层极疏松、稍湿,状如蜂窝煤引火用炭饼,有大量未腐烂植物质,含量高达41.3%,压缩性极大,泥炭层厚度极不均匀,东西两端很薄,1号、4号、8号三孔无,7号孔厚度超过2m;第四层④为粉砂,灰色至灰黑色,密实,(东南局部有细砂薄层)厚度很不均匀,1号、5号厚度超过2m,3号孔无,7号孔仅0.2m厚。

(2) 事故原因分析。

1) 原勘察失误是事故的主因。原"勘察报告"虽有7个钻孔资料,但仅有库房对角线的41号、46号孔分别深5.10m、5.35m,其余5个孔深只有2m多,远不及地基受压层深度。

更值得注意的是,其中有两个孔已穿透有机土与泥炭层但却未做记录,"报告"中也未说明,只是简单地建议地基计算强度为 $R=1.0\text{kg/cm}^2$,即 $f_k=100\text{kN/m}^2$。这是该库房发生严重质量问题的根源。

2) 设计人员面对这份粗糙而不满足设计要求的"勘察报告"并未提出补做勘察的要求。此外,GBJ 7—1989规定对于三层和三层以上房屋,其长高比 L/H 宜小于或等于2.5。

本例虽为二层砌体结构,但长高比 $L/H=47.28/7.50=6.3$,此值≫2.5,导致房屋的整体刚度过小,对地基过大不均匀沉降的调整能力太弱。设计人又未采取加强上部结构刚度的有力结构措施,也是导致墙体开裂的重要原因。

(3) 加固处理做法。曾经考虑了四种加固方案。

1) 三重管旋喷桩定向旋喷法:在基础底面以下形成半径为0.6～0.8m的半圆桩,托住基础使它们不再继续下沉。但因为基础底面宽度为1.2m,旋喷桩只能托住基底外侧部分,将造成基础偏心受压;同时由于该库房北侧可供施工的空间狭窄,难以安置旋喷法的施工机械。

2) 混凝土灌注桩架梁法:如若采用常规灌注桩直径,可能造成地基中的软弱土层缩颈;若采用大直径灌注桩,工程量大,造价高。

3) 钢管桩架梁法:经估算需用直径 $\phi200$、长6m的132根钢管,不仅造价高而且在室内分段打入后的连接做法既不易又难以保证质量。

4) 钢筋混凝土预制桩架梁法:投资少,接桩采用硫黄胶泥黏法,快速方便,被定为实施方案。所设计的预制桩横截面为180mm×180mm,八角形,第一节长260cm,下部30cm为尖锥形,便于打入土中,第二、三节长170cm,便于运输(库房室内净高3.30m,该桩分三节才能施工)。预制桩布置在墙体两侧,间距2～3m。横梁采用钢筋混凝土现浇梁,位于基础墙的圈梁底侧。

按上述第四种方案加固后,未在加固部位新发现裂缝,房屋使用情况良好。

2.3.4 软弱地基的处理技术

软弱地基处理是利用夯实、置换、排水固结、加筋等方法对地基土进行加固,以改善地基土的剪切性、压缩性、振动性和特殊地基的特征，使之满足上部拟建工程的要求。选择合理的软基处理方案及方法快速实施，从而取得预期的经济和社会效益，具有重大的实际意义。

1. 软弱地基处理技术的发展概况

近 40 年来，国外的地基处理技术发展得十分迅速，老方法得到了改进，新方法不断涌现。在 20 世纪 60 年代中期，从如何提高土的抗拉性质这一思路上，发展到土的加筋法；从如何有利于土的排水和排水固结这一基本观点出发，发展到了土工合成材料、砂井预压和塑料排水带；从如何进行深层密实处理的方法考虑，采用加大击实工的措施，发展到了强夯法和振动水冲法等。另外，国外现代工业的发展，给地基工程提供了强大的生产手段，如能制造重达几十吨的强夯起重机械；潜水电动机的出现，带来了振动水冲法中振动器等施工机械；真空泵的问世，建立真空预压法，生产了大于 20MPa 气压的空气压缩机，从而产生了高压喷射注浆法。不断的发展使得如今对软土地基的处理变得更加简单快捷。

2. 现有软弱地基处理中存在的问题

为什么在世界各国各种土建、水利、交通等类的工程事故中地基问题造成的工程事故的比例最大？现有的处理方法中存在哪些问题呢？

（1）未能因地制宜合理选用处理方法。在合理选用地基处理方法方面有时存在一定的盲目性。例如，饱和软黏土地基不适宜采用振密、挤密法加固。根据工程地质条件和地基加固原理，因地制宜合理选用处理方法特别重要。在这方面，现在的问题是对几个技术上可行方案进行比较、优化不够。采用的不是较好的方法，更不是最好的方法。有时工程问题是解决了，但造价高且工期长。

（2）不能正确评价每种地基处理方法的适用性。人人都承认每种地基处理方法都有一定的适用范围，但遇到具体问题就会盲目扩大其应用范围，对这种情况，施工单位更应注意。

（3）施工单位人员素质差影响地基处理质量。这方面最典型的例子是搅拌桩施工。几年前上海市建委发文禁用粉喷深层搅拌法，接着不少地区也采取类似措施。深层搅拌法不能满足地基处理要求，并不是深层搅拌法工法本身不成熟，也不是深层搅拌法加固地基设计方法不对。影响施工质量的主要是施工单位素质和施工机械两方面问题。先分析施工单位存在的问题。前些年，地基处理施工队伍快速膨胀，导致绝大多数施工队伍缺乏必要的技术培训，熟练技术工人缺乏是普遍现象；除此之外，还存在偷工减料现象。其他地基处理方或轻或重也存在类似问题。

（4）施工机械简陋影响地基处理水平和质量。近二十几年来，我国地基处理施工机械发展很快，许多已形成系列化产品。但应看到与我国工程建设需要相比较，差距还很大。还以深层搅拌法为例，这种方法施工质量很难保证，不仅与施工单位素质有关，也与目前应用的施工机械水平有关。简陋的机械要保持稳定良好的施工质量是困难的。

（5）地基处理理论落后于实践。从实践—理论—再实践的角度看，实践先于理论是一般规律，对土木工程更是如此。但重视理论研究，用理论指导实践也是很重要的。对地基处理各种工法及一般理论缺乏深入系统的研究也是发展中存在的问题之一。

（6）不少工法缺乏完善的质量检验手段。完善的质量检验手段是保证施工质量的重要措施，但目前不少工法缺乏完善的质量检验手段。

3. 选择软土地基处理方法时应考虑的因素

（1）地基状况。

1）对于土质、砂性土，仅对那种可能发生液化的砂性土采用挤实砂桩法或振动压实法进行改善。对于黏性土，除了压实法外，其他方法均适用。但采取的处理方法对土基的扰动必须尽量小，因为黏土一经扰动，强度会降低很多。

2）地基构成。在软土层浅而薄的情况下，常用简单的表层处理法。重要的构造物基础常用开挖换填法。若软土层较厚，则应使用其他方法配合表层处理法。夹有砂层且厚度较薄（3～4m以下）的软土层，一般采用表层处理法，荷载压重法等方法，即使是 5cm 的砂层也是有效排水层，在土质调查中不要遗漏。

对于软土层厚且无砂层的情况，因排水距离长，固结沉降需很长时间，强度也不增长，因此，沉降处理常用垂直排水法，稳定措施常反压护道法、挤实砂桩法和石灰桩法。对于在浅层部位堆积有 4m 以上厚度砂层，以下为软弱黏土层的情况，一般来说，稳定不成问题，只需沉降处理，常用垂直排水、荷载压重等方法。

（2）地面性质。

1）地面等级越高，平整度越重要，越需要采取有效的沉降处理措施。等级较低时，可先铺简易地面，待沉降结束后，再铺正式地面以节约资金。

2）地面形状。路堤的设计高度与宽度也是选择处理方法时要考虑的重要因素。例如，采用换填法时，宽而低的路堤易发生局部破坏；反之窄而高的路堤下面易被换填。在设计高度大而稳定有危险的情况下，采用压重法将受到限制。还有路堤越宽越高，则地基产生压力球的根部越深而较易引起深处黏土层沉降。

3）地面所在地段。一般地段上，剩余沉降即使大到一定程度，只要不均匀沉降不大，路面基本上不会丧失其平整度。但与构造物相连地段，剩余沉降将造成错台，路面形成对行等非常危险的状况。而且若路基稳定性不够，则桥台将受到大的土压力作用而引起侧向位移，此类事故屡见不鲜。因此，构造物邻接地段的处理措施非常重要。

（3）施工条件及周围环境。不同的施工条件选用的处理方法不同，经济性也不同。主要有工期、材料、机械的作业条件等。周围环境主要体现在以下几个方面。

1）施工中对周围环境的影响，如噪声、振动地基及地下水的变化和排出的泥水等，在选择施工方法时必须考虑。

2）在路堤高度较高而地基特别软弱的情况下，周围地基经常发生大的隆起或沉降。这样，在路堤坡脚附近有民房和重要构造物时，应考虑以减小总沉降量且控制剪切变形的方法为主要措施。不能采用这类方法时，应考虑事先对可能受影响的构造物加以保护，否则应考虑以高架构造物代替路堤。

4. 目前主要的处理方法

软弱土由于具有含水量高、压缩性大、透水性差、强度低和变形稳定所需时间长等工程特性，因此一般不能直接作为天然地基使用，而需经过加固处理以减小道路路基在荷载作用下引起的沉降或不均匀沉降。路基沉降是导致路基变形、破坏的主要原因，因此对软土地基处理恰当与否，不仅影响工程的投资，而且将直接影响道路的使用性能和工程质量。对软土地基的处理方法有很多，但不管采用何种方法，处理后的地基必须满足强度、变形、动力稳定性和透水性要求，从而达到减小道路路基在荷载作用下引起的沉降或不均匀沉降的目的。软弱地基处理方法较多，分类也各有不同，常用的处理方法描述如下。

(1) 换土垫层法。

1) 垫层法。其基本原理是挖除浅层软弱土或不良土，分层碾压或夯实土。垫层按回填的材料可分为砂（或砂石）垫层、碎石垫层、粉煤灰垫层、干渣垫层、土（灰土、二灰）垫层等。干渣分为分级干渣、混合干渣和原状干渣；粉煤灰分为湿排灰和调湿灰。换土垫层法可以提高持力层的承载力，减少沉降量；常用机械碾压、平板振动和重锤夯实进行施工。

该法常用于基坑面积宽大和开挖土方量较大的回填土方工程，一般适用于处理浅层软弱土层（淤泥质土、松散素填土、杂填土、浜填土以及已完成自重固结的冲填土等）与低洼区域的填筑，一般处理深度为 2～3m，适用于处理浅层非饱和软弱土层、素填土和杂填土等。

2) 强夯挤淤法。采用边强夯、边填碎石、边挤淤的方法，在地基中形成碎石墩体。强夯挤淤法可以提高地基承载力和减小变形，适用于厚度较小的淤泥和淤泥质土地基，应通过现场试验才能确定其适应性。

(2) 振密、挤密法。振密、挤密法的原理是采用一定的手段，通过振动、挤压使地基土体孔隙比减小、强度提高，达到地基处理的目的。软弱土地基中常用强夯法。强夯法是利用强大的夯击能，迫使深层土液化和动力固结，使土体密实，用以提高地基土的强度并降低其压缩性。其特点是夯击能量特别大，锤重一般为 100～400kN，落距为 6～40m。国外最大的夯击能曾达到 50000kN·m。强夯法适用于处理无黏性土、杂填土、非饱和黏性土及湿陷性黄土等。

(3) 排水固结法。其基本原理是软弱土地基在附加荷载的作用下，逐渐排出孔隙水，使孔隙比减小，产生固结变形。在这个过程中，随着土体超静孔隙水压力的逐渐消散，土的有效应力增加，地基抗剪强度相应增加，并使沉降提前完成或提高沉降速率。排水固结法主要由排水和加压两个系统组成。排水可以利用天然土层本身的透水性，如上海地区的多夹砂薄层土，也可以设置砂井、袋装砂井和塑料排水板之类的竖向排水体。加压主要有地面堆载法、真空预压法和井点降水法。

1) 堆载预压法。在建造建筑以前，通过临时堆填土石等方法对地基加载预压，达到预先完成部分或大部分地基沉降，并通过地基土固结提高地基承载力，然后撤除荷载，再建造建筑。临时的预压堆载一般等于建筑的荷载，但为了减少由于次固结而产生的沉降，预压荷载也可以大于建筑荷载，称为超载预压。为了加速堆载预压地基固结速度，堆载预压法常可与砂井法或塑料排水带法等同时应用。这种方法适用于软黏土地基。

2) 砂井法。在软黏土地基中，设置一系列砂井，在砂井之上铺设砂垫层或砂沟，人为地增加土层固结排水通道，缩短排水距离，从而加速固结，并加速强度增长。砂井法通常辅以堆载预压，称为砂井堆载预压法。这种方法适用于透水性低的软弱黏性土，但对于泥炭土等有机质沉积物不适用。

3）真空预压法。在黏土层上铺设砂垫层，然后用薄膜密封砂垫层，用真空泵对砂垫层及砂井抽气，使地下水位降低，同时在大气压力作用下加速地基固结。这种方法适用于能在加固区形成（包括采取措施后形成）稳定负压边界条件的软弱土地基。

4）真空—堆载联合预压法。当真空预压达不到要求的预压荷载时，可与堆载预压联合使用，其堆载预压荷载和真空预压荷载可以叠加计算。这种方法适用于软黏土地基。

5）降低地下水位法。通过降低地下水位使土体中的孔隙水压力减小，从而增大有效应力，促进地基固结。这种方法适用于地下水位接近地面而开挖深度不大的工程，特别适用于饱和粉、细砂地基。

6）电渗排水法。在土中插入金属电极并通以直流电，由于直流电场作用，土中的水从阳极流向阴极，然后将水从阴极排除，而不让水在阳极附近补充，借助电渗作用可逐渐排除土中水分。在工程上常利用这种方法降低黏性土中的含水量或降低地下水位来提高地基承载力或边坡的稳定性。这种方法适用于饱和软黏土地基。

（4）置换法。其原理是以砂、碎石等材料置换软弱土，与未加固部分形成复合地基，达到提高地基强度的目的。

1）振冲置换法（或称碎石桩法）。振冲置换法是利用一种单向或双向振动的冲头，边喷高压水流边下沉成孔，然后边填入碎石边振实，形成碎石桩。桩体和原来的黏性土构成复合地基，以提高地基承载力，减小沉降。这种方法适用于地基土的不排水抗剪强度大于20kPa的淤泥、淤泥质土、砂土、粉土、黏性土和人工填土等地基。对不排水抗剪强度小于20kPa的软弱土地基，采用振冲置换法时须慎重。

2）石灰桩法。在软弱地基中用机械成孔，填入作为固化剂的生石灰并压实形成桩体，利用生石灰的吸水、膨胀、放热作用以及土与石灰的物理化学作用，改善桩体周围土体的物理力学性质，同时桩与土形成复合地基，达到地基加固的目的。这种方法适用于软弱黏性土地基。

3）强夯置换法。对厚度小于6m的软弱土层，边夯边填碎石，形成深度3～6m、直径为2m左右的碎石柱体，与周围土体形成复合地基。这种方法适用于软黏土。

4）水泥粉煤灰碎石桩（CFG桩）是在碎石桩基础上加进一些石屑、粉煤灰和少量水泥，加水拌和，用振动沉管打桩机或其他成桩机具制成的具有一定黏结强度的桩。桩和桩间土通过褥垫层形成复合地基。这种方法适用于填土、饱和及非饱和黏性土、砂土、粉土等地基。

5）EPS超轻质料填土法。发泡聚苯乙烯（EPS）的重度只有土的1/100～1/50，并具有较好的强度和压缩性能，用于填土料可以有效减小作用在地基上的荷载，需要时也以可置换部分地基土，以达到更好的效果。这种方法适用于软弱土地基上的填方工程。

（5）胶结法。在软弱地基中部分土体内掺入水泥、水泥砂浆以及石灰等物，形成加固体，与未加固部分形成复合地基，以提高地基承载力，减小沉降。

1）注浆法。其原理是用压力泵把水泥或其他化学浆液注入土体，以达到提高地基承载力、减小沉降、防渗、堵漏等目的。这种方法适用于处理岩基、砂土、粉土、淤泥质黏土、粉质黏土、黏土和一般人工填土，也可以用在加固暗浜和使用在托换工程中。

2）高压喷射注浆法。利用钻机把带有喷嘴的注浆管钻进至土层预定深度后，以 20～40MPa 的压力把浆液或水从喷嘴中喷射出来，形成喷射流冲击破坏土层。当能量大、速度快和脉动状射流的动压大于土层结构强度时，土颗粒便从土层中剥落下来。一部分细颗粒随浆液或水冒出地面，其余土粒在射流的冲击力、离心力和重力等力的作用下，与浆液搅拌混合，并按一定的浆土比例和质量大小，有规律地重新排列。浆液凝固后，便在土层中形成一个固结体。这种方法适用于淤泥、淤泥质土、人工填土等地基。

3）水泥土搅拌法。利用水泥或水泥系材料作为固化剂，通过特别的深层搅拌机械，在地基深处就地将软弱土和固化剂（水泥或石灰的浆液或粉体）强制搅拌，形成坚硬的拌和柱体，与原地基土共同形成复合地基。这种方法适用于淤泥、淤泥质土、黏土和含水量较高且地基承载力标准值不大于 120kPa 的黏性土地基。

除了上述几种地基处理方法之外，还有其他的处理方法，如加筋法、树根桩法、冻结法、烧结法、锚杆静压法、土工合成材料合成加固方法、基础加压纠偏法、浸水和加压矫正法、基础减压和加强上部结构刚度法、套管法、预浸水法、灰土柱以及膨胀土地基帷幕法、排土纠偏法等。

2.4 软弱地基的处理新技术——CM 桩复合地基

目前常用的软弱地基加固方法中亚刚性桩复合地基是一种较为常见并且具有比较好效果的方法，包括水泥土搅拌桩、水泥砂浆桩、低标号混凝土桩等。其中水泥土搅拌桩是一种常见的加固方法，相较其他软弱土加固方法其具有无振动、无噪声、无污染、施工机具简单、施工方便（不需开挖和外运软弱土）、费用低廉（造价约为预制桩基础的 40％～50％）、加固软弱土较深、处理流塑和软塑状态软弱土效果也较好等优点。美国在第二次世界大战后首次研制成功，称之为就地搅拌桩（MIP）。国内从 20 世纪 80 年代开始在软弱土地基的加固处理中使用，取得了良好效果。目前国内亚刚性桩加固软弱土地基最大的深度已达到 30m（陆地）。它是利用水泥或水泥系材料作为固化剂，通过特制的搅拌机械，在地基深处就地将软弱土和固化剂（浆液或粉体）强制搅拌，由固化剂和软弱土间所产生的一系列物理—化学反应，使软弱土硬结成具有整体性、水稳定性和一定强度的水泥加固土，与天然地基形成复合地基，提高地基强度和增大变形模量，从而共同承担建筑的荷载[6]。该法将固化剂和原地基软弱土就地搅拌混合，因而最大限度地发挥了土体和水泥土桩的力学性能，进而达到节约资金、缩短工期，以实现工程实施最优化的目的。

地基土的类型对亚刚性桩影响比较大。亚刚性桩加固含有淤泥土、淤泥质土的地基，施工中曾出现过这样的情况：现场亚刚性桩施工完，龄期达到要求后，进行取芯。从芯体表面看桩体质量非常差，呈淤泥软塑状。这样桩体强度远远不能满足要求（桩体强度 f_{cu} 可能小于 1MPa），荷载不能像刚性桩那样很好地传到下部地基承载力较高的土层上，单桩承载力和复合地基承载力都偏低，加固后的软弱土地基仍有可能为不均匀地基。此外亚刚性桩加固深厚淤泥质土，加固深度 10～15m，仅可以提高地基承载力 1～1.5 倍，根据工程实践经验，单独使用亚刚性桩构成的复合地基，其容许承载力目前最高只能达到 250kPa，一般仅适用于八层以下的建筑物基础。单独使用亚刚性桩构成的复合地基已经不能完全满足现在多层、高层、超高层建筑物地基的需要。而单独采用刚性桩虽能满足要求，但因桩土刚度比非常大，容易引起应力集中，不利于发挥桩间土的承载能力，这样地基的承载性能很差，同时造价也很高，容易造成浪费。

将刚性桩引入亚刚性桩复合地基中，形成刚性、亚刚性桩复合存在的 CM 桩复合地基，可以很好地解决上述问题。CM 桩复合地基是由刚性桩、亚刚性桩、桩间土、褥垫层组成的，通过交叉布置刚性桩和亚刚性桩，桩顶铺设级配砂碎石褥垫层，组合成优化的平面及空间刚度梯度，形成了桩间土三维应力状态。它结合了刚性桩复合地基和亚刚性复合地基的特点，调节了复合地基的变形模量，以充分发挥刚性桩的高承载性能和亚刚性桩较好的抗变形性能为优势，大幅度提高地基承载力，减少地基沉降，从而达到强度与变形的协调、经济和技术的有机统一。其中可以分为两类：第一类为刚性桩起提高承载力的主要作用，亚刚性桩起降低成本、调节承载特性的辅助作用；第二类为亚刚性桩起提高承载力的主要作用，刚性桩布置在节点及荷载较大的承重墙下，达到减小沉降的目的，特别是对于深厚软弱土上的建筑物地基处理，减小沉降的效果显著[7]。

目前 CM 桩复合地基有广泛的使用前景。从目前已建建筑物检测来看，其强度能满足使用要求，大部分建筑物变形沉降为 5～25mm，同时可以节约投资 30%～80%，缩短工期 1/3。北京、天津、海口、南京、杭州、温州、武汉、长沙、深圳、昆明、上海、徐州等地已将 CM 桩复合地基用于淤泥质土、新近回填土、砂性土、杂填土、卡斯特地质。复合地基的强度 f_{ak} 能达到 600kPa 以上，已用于数百万平方米的多层、高层、超高层建筑，并已成功处理海口、武汉、长沙、深圳等地的工程的特殊问题。据海口地区统计：CM 桩复合地基比钻孔灌注桩基节约造价 75%。仅对海口地区的 19 项建筑工程，约 50 万 m² 建筑面积统计节约造价 1.1 亿元。若在全国每年 2000 万 m² 工程采用该技术则可节约 40 亿元。因此，CM 桩复合地基由于其广泛的适应性及巨大的经济效益而具有广泛的使用前景[8,9]。

本 章 参 考 文 献

[1] GB 50007—2011，建筑地基基础设计规范 [S]. 中国建筑工业出版社，2011.

[2] 刘晋南，蒋鑫，邱延峻. 软弱层特性对斜坡软弱地基路堤变形的影响 [J]. 西南交通大学学报，2013（02）：303-309.

[3] 蒋鑫，邱延峻，魏永幸. 基于强度折减法的斜坡软弱地基填方工程特性分析 [J]. 岩土工程学报，2007（04）：622-627.

[4] 王剑飞，韩春斌. 软土地基中刚柔组合桩型应用事故及处理实例分析 [J]. 江苏建筑，2004（12）.

[5] 张利. 公路路基软弱地基稳定性研究 [D]. 西安：西安建筑科技大学，2006.

[6] 孙雪梅. 软弱地基中桩基础的设计及应用实例 [D]. 哈尔滨：哈尔滨工程大学，2011.

[7] 刘金龙，陈陆望，汪东林. 基于倾斜软弱地基的填方工程特性分析 [J]. 岩土力学，2010（06）：2006-2010.

[8] 蒋鑫，刘晋南，黄明星，邱延峻. 抗滑桩加固斜坡软弱地基路堤的数值模拟 [J]. 岩土力学，2012（04）：1261-1267.

[9] 张世明，魏新江，秦建堂. 长短桩在深厚软土中的应用研究 [J]. 岩石力学与工程学报，2005：24（2）.

第 三 章

CM桩复合地基概述

CM桩复合地基是由刚性桩（C桩）、亚刚性桩（M桩）、桩间地基土及褥垫层组成的复合地基，是以优化的平面及空间刚度梯度形成的高强复合地基。

CM桩复合地基由刚性桩（C桩）、亚刚性桩（M桩）、桩间地基土和褥垫层四部分共同组成。C桩可以为素混凝土灌注桩、水泥粉煤灰碎石桩、预制混凝土桩、预应力混凝土管桩以及冲、钻孔灌注桩等，岩溶地质慎用预制混凝土桩、预应力混凝土管桩及冲、钻孔灌注桩；M桩可以为水泥土搅拌桩、旋喷桩、水泥砂浆桩、低标号（C15以下）混凝土桩等。

3.1 CM桩复合地基的设计形成

3.1.1 CM桩复合地基的组成

CM桩复合地基是由刚性桩（素混凝土桩、粉煤灰混凝土桩、沉管灌注桩、钻空灌注桩、预制混凝土桩、预应力混凝土桩等）、亚刚性桩、天然地基土和褥垫层四部分共同组成的。

CM桩复合地基常用的布置方式如图3-1所示。在平面上，CM桩交叉布置；在竖面上，刚性桩长，亚刚性桩短。经优化设计配置的刚性桩和亚刚性桩可以形成高强度的复合地基，在已完工并通过检测的地基中，其最高地基承载力曾达到800kPa。

3.1.2 CM桩复合地基设计思路

由刚性桩、亚刚性桩、天然地基土和褥垫层构成的复合地基应用于加固软土地基，其设计思路有以下几个方面。

（1）当竖向荷载施加于桩顶时，桩身的上部受到压缩发生相对于土的向下位移，桩周土在桩侧界面上形成向上的摩阻力；荷载沿桩身向下传递过程中不断克服摩阻力并通过它向土中扩散，因而桩身的轴力沿着深度逐渐减小，在桩端处与桩底反力相平衡；与此同时，

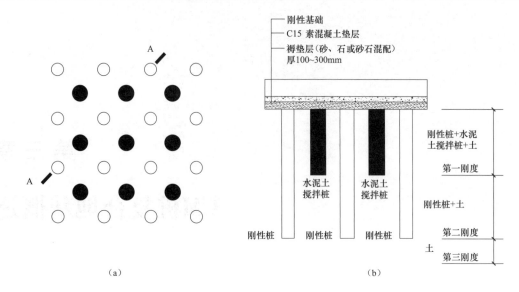

图 3-1　CM 桩复合地基的竖向和平面布置图

（a）平面布置；（b）A-A 剖面

○—刚性桩（素混凝土桩、粉煤灰混凝土桩、沉管灌注桩、钻空灌注桩、预制混凝土桩、

预应力混凝土桩等）；●—水泥土搅拌桩

桩端持力层在桩端压力作用下产生压缩，使桩身下沉，桩与桩间土的相对位移又使摩阻力进一步发挥。随着桩顶荷载的逐渐增加，上述过程周而复始地进行，直到变形稳定为止。由于桩身压缩量的累积，上部桩身位移总是大于下部，因此上部摩阻力总是先于下部发挥，桩侧摩阻力达到极限后就保持不变，继续增加的荷载就完全由桩端持力层承受，当桩底荷载达到桩端持力层的极限承载力时，桩便发生急剧的、不停滞的下沉而破坏。因此，增强桩身上部桩侧土的结构强度，对提高桩的承载力、改善桩的变形特性具有现实意义。

（2）亚刚性桩加固软土地基改善软土的固结特性。通常水泥土的压缩曲线表现出明显的超固结特性，可近似地认为水泥土桩体不存在固结现象，而只有弹性的桩身压缩。亚刚性桩加固深厚软土地基一般不会贯穿整个软土层，由此形成的加固层和下卧层软土的固结特性仍可用双层地基一维固结理论来分析。从固结机理来看，加固层渗透性极低的亚刚性桩（比原状土低 3～4 个数量级[1]）设置减小下卧层软土的排水固结；同时加固层竖向附加应力向亚刚性桩集中而使桩间土所受应力大大减小，孔隙压力也大为减小，因此在下卧层软土和加固层桩间土之间形成较大的孔隙压力差，加快下卧层软土的固结。

（3）亚刚性桩改善天然软土的性质。流塑态软黏土拌入固化剂后形成的加固土呈坚硬状态，黏聚力和内摩擦角较原状土增加，其抗压、抗剪强度、变形模量等指标分别比天然软土提高数十倍至数百倍。当固化剂掺入比 $\alpha_w = 5\%$ 时，加固土无侧限抗压强度 q_u 可达 500～4000kPa，相应抗拉强度 $\sigma_t = (0.15 \sim 0.25) q_u$，黏聚力 $c = (0.2 \sim 0.3) q_u$，摩擦角 φ 变化于 20°～30°，变形模量 $E_{50} = (120 \sim 150) q_u$。加固土的变形特征随加固土强度的变化而介于脆性体与弹塑体之间。强度随固化剂掺入比、水泥标号和加固土龄期的增加而提高。随着水泥掺量的增加，抗渗系数由原状土的 10^{-7} cm/s 下降为 $(10^{-7} \sim 10^{-11})$ cm/s 数量级。

（4）桩、土复合构成的地基形成了平面及竖向合适的刚度级配梯度和三维共同工作的应力状态，达到对天然地基承载力的有效补强。优化配置的刚性和亚刚性桩形成具有合适竖向刚度的三层地基，变形模量较高，减少了复合地基的沉降，特别是它可以对局部的软弱地基进行有针对性的加强，从而有效地解决了工程构筑物的不均匀沉降问题。

（5）复合地基与上部结构通过褥垫层的柔性连接，能在水平荷载作用下有效地传递垂直荷载。

（6）复合地基与上部结构柔性连接的褥垫层调整复合地基的桩土荷载分配，发挥土体的承载能力，特别是浅层土体的承载作用。

（7）CM桩复合地基可以通过改变刚性桩及亚刚性桩和桩径、桩长、桩距、桩身配比、垫层厚度等设计参数，并进行优化设计配置，使复合地基承载力的提高有较大的可调性，以根据构筑物荷载的要求及天然地基的情况对天然地基的承载力进行有针对性的加固提高。上部结构的设计师甚至可以根据结构形式及荷载情况先提出承载力和沉降等技术要求，再"量身定做"，缺多少承载力补多少承载力，使结构设计工程师可以从技术及经济的角度更自由地选择基础类型及进行基础设计[2]。

3.2　CM桩复合地基及各构成部分作用机理

3.2.1　刚性桩作用机理

1. 刚性桩的分类

刚性桩包括各类混凝土灌注桩、预制混凝土桩、预应力管桩等，其立方体强度大于10MPa，有效桩长度可达80～100倍桩体外径。

2. 刚性桩的作用机理

在CM桩复合地基中，刚性长桩的主要作用是提高承载力、控制沉降量，它将荷载通过桩身向地基深处传递，减小压缩层变形，同时对水泥土搅拌短桩起到"护桩"作用，并与水泥土搅拌短桩一起抑制地基周围土体的隆起。

如图3-1（b）所示，在第一刚度区深度范围内，桩体间将具有较明显的"挟持"及"遮挡"效应，桩间土体和桩体共同沉降；而在第二刚度区的长桩（刚性桩），由于土体和桩体不能同时沉降，因此其桩尖对桩端土体将有相当的刺入量。

3.2.2　亚刚性桩作用机理

1. 亚刚性桩的分类

亚刚性桩包括散体材料桩、柔性桩和亚刚性桩。

（1）散体材料桩：如碎石桩、砂桩等，其竖向承载力主要取决于桩间土的不排水抗剪强度。

（2）柔性桩：如石灰桩、二灰挤密桩、水泥土搅拌桩等，其立方体强度 f_{cu} 不大于 3MPa，有效桩长为 20～25 倍桩外径。

（3）亚刚性桩：如高压旋喷水泥桩、低标号 CFG 桩等，其立方体强度 f_{cu} 为 3～10MPa，有效桩长为 25～35 倍桩体外径。

2. 亚刚性桩的作用机理

当基底以下存在较厚的软弱土层时，采用短桩（亚刚性桩）对该区域土层进行加固，可提高基底软弱土层的承载力；若基底以下存在上、下两层较为理想的桩端持力层，则将刚性长桩、水泥土短桩分别落在下、上两层桩端持力层，充分发挥上下两层桩端持力层的特性，利用水泥土短桩提高复合地基的承载力，通过刚性长桩减小变形，在满足设计要求的同时，能减少地基处理的工作量。

3.2.3　褥垫层作用机理

褥垫层技术是 CM 桩复合地基一个非常重要的技术[3]，复合地基的许多特性都与褥垫层有关，褥垫层由粒状材料（级配砂石、碎石或粗砂）组成。

1. 褥垫层的作用

（1）保证桩体和桩间土共同承担荷载。若基础下面不设置褥垫层，基础直接与桩和桩间土接触，则在竖向荷载作用下，其承载特性和桩基差不多。在给定荷载作用下，桩承受较多的荷载，随着时间的增加，桩发生一定的沉降，荷载逐渐向土体转移，即桩土承担的荷载随时间增加逐渐增加，桩承担的荷载随时间增加逐渐减小。如果刚性桩桩端落在坚硬土层或岩石上，桩上的荷载向土上转移数量很少，桩间土承载力将很难发挥。

在基础下设置一定厚度的褥垫层，情况就不一样了。在上部荷载作用下，桩体一定程度“刺入”褥垫层中，充分发挥桩间土作用。在实测的复合地基桩体和桩间土时程曲线（给定荷载下）中，桩、土受力始终为一常数。褥垫层是刚性桩、亚刚性桩形成复合地基的重要条件。

（2）调整桩土荷载分担比[4]。复合地基桩土荷载分担，可用桩土应力比 n（$n = \sigma_p / \sigma_s$）表示，也可以用桩土荷载分担比 δ_p、δ_s 表示。当褥垫层厚度 $\Delta H = 0$ 时，桩土应力比 n 很大，如图 3-2（a）所示。在软土地基中，刚性桩的桩土应力比 n 甚至可以超过 100，桩分担的荷载相当大。当 ΔH 很大时，桩土应力比 n 接近于 1，此时桩的荷载分担比很小，如图 3-2（b）所示。因此调整褥垫层厚度可以调整桩土荷载分担比，反之根据桩土应力的要求也可以确定垫层的厚度。

（3）缓解基础底面的应力集中。当褥垫层厚度 $\Delta H = 0$ 时，桩对基础的应力集中很显著，需要考虑桩对基础的冲切破坏。桩顶对应的基础应力与桩间土对应的基础底面应力之比 β 随褥垫层厚度 ΔH 的变化如图 3-3 所示。

由图 3-3 可以得出：当褥垫层厚度大于 10cm 时，桩对基础底面产生的应力集中已明显降低，当 $\Delta H = 30$cm 时，β 值已经很小（约 1.2）。

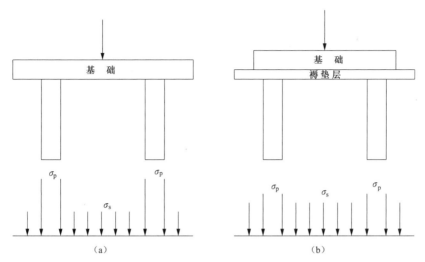

图 3-2 桩土应力随褥垫层厚度的变化示意图

(a) 无褥垫层；(b) 有褥垫层

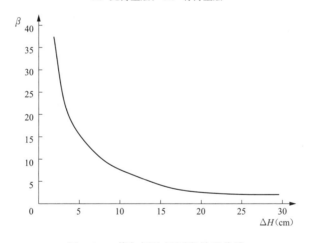

图 3-3 β 值与褥垫层厚度关系曲线

（4）调整桩土水平荷载的分配。基础承受竖向荷载 P 和水平荷载 Q 的分配如图 3-4 所示。

在竖向荷载 P 作用下桩分担的荷载较大，而土分担的荷载较小。在无埋深条件下，水平荷载 Q 传到桩上的水平力为 Q_p，传到土上的水平力 Q_s，则有 $Q=Q_p+Q_s$，$Q_s=fP_s$（P_s 为桩间土分担的荷载；f 为基础和土之间的摩擦系数，f 一般在 0.25～0.45 变化[5]）。$\Delta H=0$，P_s 很小，Q_s 也很小，此时水平荷载主要由桩来分担，Q_p 很大，[如图 3-4 (a) 所示]。当 ΔH 增大到一定数值时，作用在桩顶和桩间土上的 τ_p 和 τ_s 相差不大，桩顶受的剪力 $Q=mA\tau_p$（m 为桩的置换率；A 为基础面积；τ_p 为桩顶剪应力）占水平荷载的比例不大，水平荷载主要由桩间土承担。试验表明[6]，褥垫层厚度越大，则桩顶水平位移越小，桩顶受的水平荷载越小 [图 3-4 (b)]。大量的工程实践表明，褥垫层厚度大于 10cm 时，桩体不会发生水平折断，桩在复合地基中不会失去工作能力。

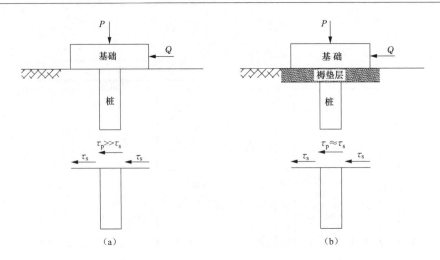

图 3-4　桩土剪应力示意图

(a) $\Delta H = 0$；(b) ΔH 较大

（5）使桩体产生部分负摩阻区。由于褥垫层的设置，复合地基中桩体有向上的刺入变形，使桩体产生部分负摩阻区。

（6）降低地震力对结构的影响。CM 桩复合地基的设计在基础底板与地基之间设置褥垫层，这样构筑物的荷载通过褥垫层再传递给复合地基，可以有效降低地震力对结构的影响。并且在构筑物荷载影响范围内基本消除了可液化土层，在地震时可以大大降低地震对主体结构的危害。

2. 褥垫层的厚度

褥垫层厚度过小，桩对基础将产生显著的应力集中，因此必须考虑桩对基础的冲切破坏，这样势必导致基础加厚。如果基础承受较大的水平荷载，可能造成复合地基中桩的断裂。同时，褥垫层厚度过小，桩间土的承载能力不能完全发挥，要达到设计承载力，必然增加桩的数量或长度，导致经济上的浪费。

褥垫层厚度过大，桩对基础产生的应力集中很小，可以不必考虑桩对基础的冲切破坏，桩受到的水平荷载转移至桩间土，也不必考虑桩会发生水平折断。但由于褥垫层厚度过大，会导致桩土应力比 n 等于或接近于 1，此时桩承担的竖向荷载太小，复合地基中桩的设置已失去了意义。这样设计的 CM 桩复合地基承载力不会比天然地基提高很多，而且构筑物地基发生变形也很大。如何选取合理的褥垫层厚度是一个迫切需要解决的问题。

根据工程实践，褥垫层合理厚度宜为 100～300mm，褥垫层压缩模量取值宜为 20～100MPa。如果压缩模量过大，则易导致刚性桩上较大的应力集中。考虑到施工的不均匀性，可将厚度取为 150～300mm；当桩径大、桩距大时宜取较大值。若桩顶处土层较好，则垫层厚度稍薄；若桩顶处土层较差，则垫层厚度稍厚。

褥垫层宜为砂石，级配应良好，不含植物残体、垃圾等杂质。当使用粉细砂时应掺入25％～30％碎石或卵石，且其最大粒径不宜大于 50mm；不宜单独采用卵石，因为卵石咬合力差，施工时挠动较大、褥垫层厚度不容易保证均匀。

3.3 CM桩复合地基作用机理

3.3.1 桩土受力特性

对桩基而言，荷载一定时，随着时间的增长，承台和桩的沉降不断增加，承台下土分担的荷载也不断增加，而桩承担的荷载则随时间的增加而减小，也就是说，桩承担的荷载有一个逐渐向承台下土转移的过程［图3-5（a）］。

图3-5（b）所示是给定荷载下，CM桩复合地基桩、土受力曲线[4]。对于CM桩复合地基，当基础承受垂直荷载时，桩和桩间土都要发生变形。桩的模量比土的模量大，桩比土的变形小，由于基础下面设置了一定厚度的褥垫层，因此在变形的过程中，桩可以向上刺入褥垫层，随着这一变化，褥垫层材料不断调整补充到桩间土上，以保证在任一荷载下，桩和桩间土始终参与共同工作。从3-5（b）图中，可以看到，由于褥垫层的设置，随着时间的变化，桩间土表面的变形不断增加，但桩和桩间土的荷载分担均为一常值，它不随时间变化而变化。

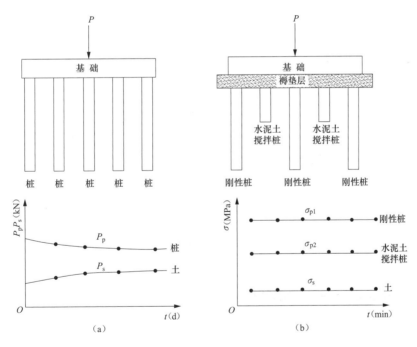

图3-5 桩基与CM桩复合地基桩、土受力示意图
(a) 桩基；(b) CM桩复合地基

3.3.2 桩、土荷载分担

图3-6（a）所示是由摩擦桩构成的桩基在竖向荷载作用下桩、土荷载分担比随荷载水平的变化曲线。由此可以看出：对于桩基而言，在竖向荷载作用下，随着荷载的增加，土

承担的荷载占总荷载的百分比 P_s/P 逐渐增加，而桩承担的荷载占总荷载的百分比 P_p/P 则逐渐减小。

图 3-6（b）所示是 CM 桩复合地基在竖向荷载作用下桩、土荷载分担比随荷载水平的变化曲线[5]~[7]。由此可以看出：CM 桩复合地基与桩基刚好相反，荷载较小时，土承担的荷载大于桩承担的荷载，随着荷载的增加，土承担的荷载占总荷载的百分比 P_s/P 逐渐减小，桩承担的荷载（刚性长桩承担荷载为 P_{p1}，亚刚性桩承担荷载为 P_{p2}）占总荷载的百分比 P_{p1}/P、P_{p2}/P 逐渐增加。荷载一定，其他条件相同时，P_{p1}/P、P_{p2}/P 随桩长增加而增大，随桩距减小（置换率 m 增大）而增大；土的强度越低，P_{p1}/P、P_{p2}/P 越大；褥垫层越薄，P_{p1}/P、P_{p2}/P 越大。

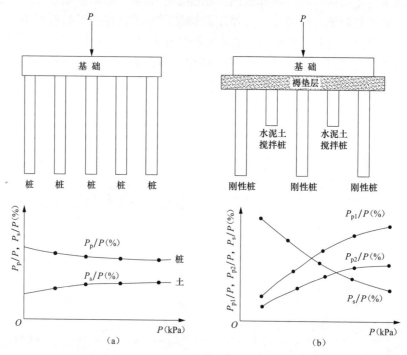

图 3-6　桩基与 CM 桩复合地基桩土荷载分担示意图
(a) 桩基；(b) CM 桩复合地基

3.3.3　CM 桩复合地基的变形特性

1. 水平方向变形协调

CM 桩复合地基平面上，因为采用长刚性桩、短亚刚性桩交叉布置，这样就在平面上形成了极有利的 3 个刚度梯度，压缩模量 E_s 各为：土——10MPa；亚刚性桩——$10^2 \sim 10^3$MPa；刚性桩——$10^3 \sim 10^4$MPa，极有利于桩土协调变形。

2. 竖直方向变形协调

在竖向上合理利用桩的有效长度不同，设计成刚性桩长、亚刚性桩短，从而在竖向上也形成 3 个刚度梯度，成为三层地基（图 3-7），即基底以下：第一刚度为刚性桩＋亚刚性桩＋土；第二刚度为刚性桩＋土；第三刚度为天然土。

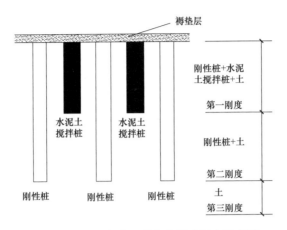

图 3-7 CM 桩复合地基竖向刚度组合示意图

这样的组合形成了三层地基刚度，符合天然地基土层浅弱深强的规律以及地基应力传递特征，天然土层的普遍规律是上部土层弱，下部土层强。CM 桩复合地基正好达到了弱的多补、强的少补的效果。从附加应力来看，基底附加应力最大，沿深度往下逐渐衰减，CM 桩复合地基的刚度分配正好做到了附加应力大时地基刚度也大，附加应力逐步减少时复合地基刚度也逐渐减小，刚性长桩可以进入深层良好土层，所以能减少地基的沉降，同时由于亚刚性桩的存在加速了土的固结。据对已完工项目的 CM 桩复合地基沉降情况观测统计，沉降量能控制在 5～25mm。

3.3.4 CM 桩复合地基的应力场及应力泡分析

1. 等长短桩、等长长桩与 CM 桩应力场比较

同单纯的短桩或长桩相比较[8]，CM 桩复合地基由于采用了刚性长桩和水泥土搅拌短桩的交叉布置的方式，加固区范围全场地通过应力等值线，使被加固的桩间土处于有利的三向应力状态，使天然土积极参与工作，有效地利用了桩间土的承载力。等长短桩、等长长桩与 CM 桩复合地基的应力场分别如图 3-8～图 3-10 所示。

2. 天然地基与 CM 桩复合地基应力泡比较

图 3-11、图 3-12 所示地基上作用的荷载均为 1kN。图 3-11 所示应力泡从内到外依次为900N、700N、500N、400N、300N、200N 和 100N。图 3-12 所示应力泡从内到外依次为900N、700N、500N、300N 和 100N。

由图 3-11、图 3-12[9]可以看出，均质地基情况下，地基附加应力扩散范围很大，其影响深度也很小。比较分析图 3-11（a）和（b）可知，桩体的存在使地基中的高应力区下移，

  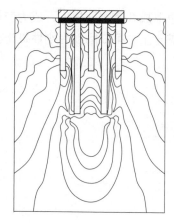

图 3-8 等长短桩应力场　　　图 3-9 等长长桩应力场　　　图 3-10 复合桩应力场

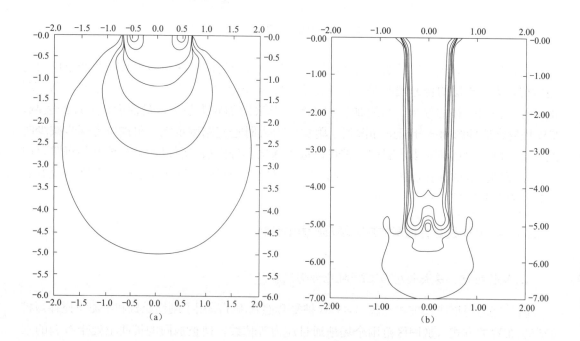

(a)　　　　　　　　　　　　　　　(b)

图 3-11 均质地基和单桩带承台地基土中的应力泡

(a) 均质地基；(b) 单桩带承台地基

且桩体的两侧没有发生明显的应力扩散，桩端发生了明显的应力扩散，但由于桩端持力层土层的力学性能较好，能较好地承受桩体传来的上部荷载，从而极大地提高了承载性能，同时桩体的存在使附加应力的影响范围加深，引起地基土的附加沉降也随之变小。比较分析图 3-12（a）和（b）可知，与均质地基相比，复合地基中的高应力区下移，而且高应力值减少，附加应力的影响范围加深，故能与桩基础取得相同的加固效果。

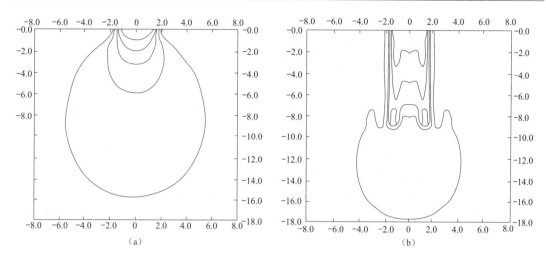

图 3-12 均质地基和复合地基土中的应力泡

(a) 均质地基；(b) 复合地基

3.4 CM桩复合地基承载性能计算研究

目前有不少学者对刚柔性长短桩复合地基进行了探讨，提出了此类复合地基沉降和承载力的计算理论。本章节结合其理论成果，总结了 CM桩复合地基承载力及变形的简化计算公式。

3.4.1 CM桩复合地基承载力计算公式推导

CM桩复合地基承载力由现场复合地基载荷试验或单桩静载荷试验确定。载荷试验可以在施工结束前，基坑开挖后进行。对于刚柔性长短桩复合地基承载力计算，中国建筑科学院地基研究所闫明礼等总结的刚柔性长短桩复合地基承载力计算公式，其基本思路为：①由天然地基和刚性桩（主控桩）复合形成复合地基，视为一种新的等效天然地基，计算出其承载力特征值；②将等效天然地基和短桩（辅桩）复合形成复合地基。何广讷等[10]则认为这并非真实情况，实际上辅桩只是置换出主桩间的桩间土，不含任何主控桩部分，故所得结果偏小，再者 m_c、m_m 都是相对天然地基土的置换率。

张耀东等的设计思想是：复合地基的承载力和变形计算分别根据长桩和短桩复合地基承载力的公式计算承载力，然后视短桩复合地基为长桩复合地基的桩间土来计算长短桩复合地基的承载力，再进行变形计算。本章节的介绍是基于张耀东的研究思想，结合上述学者对刚柔性长短桩复合地基的承载力计算公式的研究，推导简化的 CM桩复合地基计算公式。

亚刚性桩和天然地基形成的短桩复合地基承载力特征值可用下面公式进行计算

$$f_{\text{spk}_2} = m_m \frac{R_{\text{am}}}{A_{\text{pm}}} + \alpha_2 \beta_2 (1 - m_m) f_{\text{ak}} \tag{3-1}$$

式中 f_{spk_2} ——短桩复合地基承载力特征值，kPa；

m_m——面积置换率；

A_{pm}——亚刚性桩的截面面积，m^2；

f_{ak}——天然地基土承载力特征值，kPa；

α_2——加固后桩间土承载力特征值与天然地基承载力特征值之比，即桩间土承载力提高系数，与土性和亚刚性桩桩径、桩距有关，对于非挤土成桩工艺，$\alpha_2=1$；

β_2——桩间土强度发挥系数，$\beta_2=0.75\sim1.0$，对变形要求高的建筑物应取低值；

R_{am}——亚刚性桩单桩承载力标准值，kN。

式（3-1）中亚刚性桩单桩承载力特征值 R_{am} 应通过现场载荷试验确定。初步设计时也可按式（3-2）所列桩周土和桩端土的抗力估算，并应同时满足式（3-3）所列桩身材料强度确定的单桩承载力计算，取其中较小者。

$$R_a = u_p \sum_{i=1}^{n} q_{si}l_i + \alpha q_p A_p \tag{3-2}$$

$$R_a = \eta f_{cu} A_p \tag{3-3}$$

式中　f_{cu}——桩体无侧限抗压强度，kPa；

η——桩身强度折减系数，可取 $0.35\sim0.50$；

u_p——桩的截面周长，m；

A_p——桩的截面面积，m^2；

q_{si}——桩周第 i 层土的侧摩阻力特征值（表3-1）；

l_i——桩长范围内第 i 层土的厚度，m；

q_p——桩端地基土未经修正的承载力特征值，kPa；

α——桩端天然地基土的承载力折减系数，可取 $0.4\sim0.6$。

表 3-1　　　　　　　　　亚刚性桩桩周软土的容许侧摩阻力取值参考表

土的名称	土的状态	q_s(kPa)	土的名称	土的状态	q_s(kPa)
淤泥、泥炭	流塑	5～8	黏性土	软塑	12～15
淤泥质土	流塑—软塑	8～12	黏性土	可塑	15～18

刚性长桩的截面面积为 A_{p1}，平均面积置换率为 m_1，刚性长桩单桩承载力特征值为 R_{a1}。则刚性长桩与承载力特征值为 f_{spk_2} 的短桩复合地基（视短桩复合地基为长桩复合地基的桩间土）复合后的承载力，即 CM 桩复合地基承载力特征值计算公式为

$$f_{spk} = m_c \frac{R_{ac}}{A_{pc}} + \alpha_1\beta_1(1-m_c)f_{spk_2} \tag{3-4}$$

将式（3-1）代入式（3-4）得到

$$f_{spk} = m_c \frac{R_{ac}}{A_{pc}} + \alpha_1\beta_1(1-m_c)\left[m_m \frac{R_{am}}{A_{pm}} + \alpha_2\beta_2(1-m_m)f_{ak} \right]$$

$$= m_c \frac{R_{ac}}{A_{pc}} + \alpha_1\beta_1 m_m(1-m_c)\frac{R_{am}}{A_{pm}} + \alpha_1\alpha_2\beta_1\beta_2(1-m_c)(1-m_m)f_{ak}$$

$$=m_c \frac{R_{ac}}{A_{pc}} + \alpha_1 \beta_1 (m_m - m_c m_m) \frac{R_{am}}{A_{pm}} + \alpha_1 \alpha_2 \beta_1 \beta_2 (1 - m_c - m_m - m_c m_m) f_{ak} \quad (3-5)$$

式中　f_{spk}——CM 桩复合地基承载力特征值，kPa；

　　　α_1——加固后桩间土承载力特征值与天然地基承载力特征值之比，即桩间土承载力提高系数；与土性和刚性桩成桩工艺及桩径、桩距有关，对于非挤土成桩工艺，$\alpha_1 = 1$；

　　　β_1——桩间土强度发挥系数，$\beta_1 = 0.75 \sim 1.0$，对变形要求高的建筑物应取低值。

式（3-5）中的系数有很多，是可以进一步简化的，由于 m_c、m_m 一般很小，其乘积更小，因此 $m_c m_m$ 可以略去，取 η_c，$\eta_m = \alpha_1 \beta_1$，$\eta_s = \alpha_1 \alpha_2 \beta_1 \beta_2$，$\eta_c \eta_m \eta_s$ 可以理解为刚性桩、亚刚性桩及桩间土的参与工作系数。

复合地基的桩的工作原理与桩基是不同的。受荷载以后桩基的桩与基础及土在同一标高。CM 桩复合地基中 C 桩、M 桩、土及基础是在不同的标高的。

CM 桩复合地基的桩体极限承载力一般比单桩荷载试验得到的数值要大。其原因是：作用在桩间土上的荷载和作用在桩上的荷载两者对桩间土的作用，以及 M 桩的桩端反力造成了桩周侧压力增加，从而使桩体的极限承载力得以提高。在施工工艺方面，对于长螺旋泵送混凝土桩及预制桩可取高值，对于沉管法施工的灌注桩宜取低值。在设计计算方面，当褥垫层厚（大于 200mm）时取低值。

试验得出：CM 复合地基中 CM 桩组合的较好的平面刚度梯度，其压缩模量数量级 C 桩为 10^4MPa，M 桩为 $10^{2 \sim 3}$MPa，土为 10MPa，由于褥垫层的协调变形，试验得出土是最先参加工作并持续到极限荷载，M 桩与计算承载力接近，而 C 桩则是欠发挥。这对于整体复合地基来说是增加了安全度的。

所以，对于刚性基础，η_c 取 $0.9 \sim 1.0$，η_m 取 $0.95 \sim 1.0$，η_s 取不小于 1.0。

对于道路、路堤、柔性基础，η_c 取 0.7，η_m 取 0.9，η_s 取 1.0。

考虑到地基处理后，上部结构施工有一个过程，应依据荷载增长和土体强度恢复的快慢来确定 f_{sk}。

考虑到桩间土的应力状态以及试验测试土的 f_{sk} 可有提高，因此对于可挤密的一般黏性土，f_{sk} 可取 $1.1 \sim 1.2$ 倍天然地基承载力特征值，即 $f_{sk} = (1.1 \sim 1.2) f_{ak}$，塑性指数小，孔隙比大时取高值。对不可挤密土，若施工速度慢，可取 $f_{sk} = f_{ak}$；对不可挤密土，若施工速度快，宜通过现场试验确定 f_{sk}；对挤密效果好的土，由于承载力提高幅值的挤密分量较大，宜通过现场试验确定 f_{sk}。

另外，亚刚性桩 M 桩的介入改变了刚性桩及亚刚性桩复合地基应力场，使桩间土体处于有利的三向应力状态，使得桩间土的工作状态改善，因此 η_s 可取 $1.1 \sim 1.2$。M 桩桩长范围内的土质好时取高值，反之取低值。图 3-13 所示清楚地显示出同等条件下，CM 复合地基比起刚性桩复合地基更能发挥桩间土的应力。

则式（3-5）可简单化为

$$f_{spk} = \eta_c m_c \frac{R_{ac}}{A_{pc}} + \eta_m m_m \frac{R_{am}}{A_{pm}} + \eta_s (1 - m_c - m_m) f_{sk} \quad (3-6)$$

此即为本文所推导的 CM 桩复合地基承载力简化计算公式。

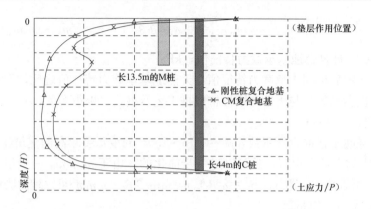

图 3-13　CM 桩复合地基和刚性桩复合地基土应力沿深度分布示意图

与龚晓南教授等[11]的多桩型复合地基承载力计算公式 $f_{spk}=m_1\dfrac{R_{a1}}{A_{p1}}+\beta_1 m_2\dfrac{R_{a2}}{A_{p2}}+\beta_2$ $(1-m_1-m_2)f_{sk}$ 相比，计算公式（3-6）在后面的两项前面多了分项系数，原因是对 CM 桩复合地基的影响因素进行了细化处理，多考虑了刚性桩、亚刚性桩成桩工艺及其各自桩间土强度所能发挥的程度的影响。

公式中刚性桩单桩承载力特征值 R_{a1} 用单桩静载试验确定，也可以按下式计算[12]

$$R_{a1}=u_p\sum q_{si}l_i+q_p A_p \tag{3-7}$$

式中　u_p——桩的截面周长，m；

　　　A_p——桩的截面面积，m²；

　　　q_{si}——桩周第 i 层土的侧阻力特征值，kPa；

　　　l_i——桩长范围内第 i 层土的厚度，m；

　　　q_p——桩端地基土未经修正的承载力特征值，kPa。

对 CM 桩复合地基承载力特征值的计算公式（3-6）分析可以得出：通过调整长桩桩数（反映为 m_c 值）、短桩桩数（反映为 m_m 值）可以进行复合地基的优化设计。

3.4.2　CM 桩复合地基变形简化计算研究

本章节在参考葛忻声等[13]、张耀东等[14]针对刚柔性桩的长短桩复合地基计算公式的基础上，对 CM 桩复合地基的变形计算公式进行了简化。

复合地基变形计算采用复合模量法。计算时采用的复合土层除与天然地基相同外，水泥土搅拌短桩桩端位置、刚性长桩桩端位置也作为复合土层的分层边界，这样将复合地基分为 1、2、3 三部分（图 3-14），即 CM 桩复合区域（加固区 1）、刚性长桩区域（加固区 2）、刚性长桩下卧层区域（非加固区 3）。

实际上 CM 桩复合地基的变形主要包括下列三个方面：①褥垫层的压缩变形 S_0；②加固区的压缩变形包括两部分，即 CM 桩复合区域的压缩变形 S_1，刚性长桩区域的压缩变形 S_2；③刚性长桩桩端以下土层的压缩变形 S_3。

由于基础有一定的埋置深度，刚性桩和亚刚性桩通过褥垫层直接与基础刚性连接，因此褥垫层区域的土体压缩变形 S_0 并不影响 CM 桩复合地基的总体沉降量或者影响极小，因

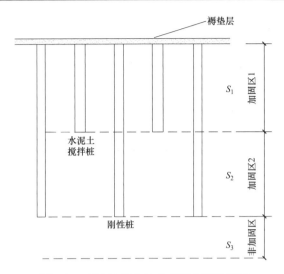

图 3-14　CM 桩复合地基变形计算示意图

此，在 CM 桩复合地基沉降计算中可以不考虑褥垫层土体的压缩变形。同时刚性长桩下卧层区域压缩量 S_3 可以用分层总和法计算，由于刚性长桩的持力层通常都是选择较好的土层，该土层厚度较大，压缩模量也较大，加上基础底面计算点至非加固区时，土的附加应力系数已经非常小，所以该区域的变形量非常小，实际中 CM 桩复合地基沉降计算时通常不考虑这一块的变形量。

这样，CM 桩复合地基的总沉降就可以按下面公式简化计算为

$$S = S_1 + S_2 \tag{3-8}$$

式中　S——CM 桩复合地基沉降量；

　　　S_1——CM 桩复合区域压缩变形；

　　　S_2——刚性长桩区域。

将复合地基加固中桩和桩间土两部分视为复合土体，用加固区复合地基的复合模量来反映复合地基的压缩性，采用《建筑地基基础设计规范》（GB 50007—2011）5.3.5 条分层总和法，计算公式为

$$
\begin{aligned}
S_c &= \Psi S' \\
&= \Psi(S_1 + S_2) \\
&= \Psi \left[\sum_{i=1}^{n_1} \frac{p_o}{E_{spi}} (Z_i \overline{\alpha_i} - Z_{i-1} \overline{\alpha_{i-1}}) + \sum_{i=n_1+1}^{n_2} \frac{p_o}{E_{spi}} (Z_i \overline{\alpha_i} - Z_{i-1} \overline{\alpha_{i-1}}) \right]
\end{aligned}
\tag{3-9}
$$

式中　S_c——CM 桩复合地基计算沉降量；

　　　S_1——加固区 1 计算沉降量；

　　　S_2——加固区 2 计算沉降量；

　　　p_o——对应于荷载标准值时的基础底面处的附加压力，kPa；

　　　E_{spi}——天然土层与桩形成的复合模量，MPa；

　　　n_1——加固区 1 范围土层分层数；

　　　n_2——加固区 2 范围土层分层数；

Z_i、Z_{i-1}——基础底面至第 i 层土、第 $i-1$ 层土底面的距离，m；

$\bar{\alpha}_i$、$\bar{\alpha}_{i-1}$——基础底面计算点至第 i 层土、第 $i-1$ 层土底面范围内平均附加应力系数；

Ψ——沉降计算修正系数，根据地区沉降观测资料及经验确定。若无本地区的资料则可以按表 3-2 确定。

式（3-9）即为简化的 CM 桩复合地基沉降变形计算公式。

表 3-2   沉降计算修正系数 Ψ

$\bar{E}_s$(MPa) 基底附加应力	2.5	4.0	7.0	15.0	50.0
$P_0 \geqslant f_{ak}$	1.4	1.3	1.0	0.4	0.2
$P_0 \leqslant 0.75 f_{ak}$	1.1	1.0	0.7	0.4	0.2

加固区 1、2 内的复合模量计算公式为

$$E_{sp1} = m_1 E_{p1} + m_2 E_{p2} + (1 - m_1 - m_2) E_s \tag{3-10}$$

$$E_{sp2} = m_1 E_{p1} + (1 - m_1) E_s \tag{3-11}$$

式中 E_{sp1}、E_{sp2}——加固区 1、2 内的复合模量；

    E_{p1}、E_{p2}、E_s——刚性长桩、水泥土搅拌短桩和桩间土的压缩模量；

    m_1、m_2——刚性长桩、水泥土搅拌短桩的置换率。

CM 桩复合地基以允许沉降量为控制指标，考虑了刚性桩、亚刚性桩与土的共同作用来确定刚性桩的布桩量，而复合地基承载力强度是否满足则通过复合地基承载力验算来核定或调整。

由于刚性桩-亚刚性桩复合地基中设置了褥垫层，以此来协调桩土共同变形，发挥桩间土的承载力，但上述的简化公式中并未考虑土体的承载力，以及在计算沉降时没有把下卧层土体沉降考虑在内。考虑前者，则得出的沉降值变小；考虑后者，则得出的沉降值变大。两者对简化公式的影响都极小，故可以略去。

本 章 参 考 文 献

[1] 曹建中. CM 桩复合地基研究与应用 [D]. 河海大学，2006.

[2] 黄志华. 浅谈 CM 桩技术在某工程中的应用 [J]. 建材与装饰（下旬刊），2007（09）：197-199.

[3] 刘青锋. CM 桩应用技术 [J]. 施工技术，2005（09）：65-67，70.

[4] 杨眉. CM 桩复合地基承载力检测方法与工程实例 [J]. 建筑监督检测与造价，2012（04）：27-31.

[5] JGJ 79—2002，建筑地基处理技术规范 [S]. 中国建筑工业出版社，2002.

[6] 张耀东，王晓东，孙秀杰. CM 长短桩复合地基的设计与应用 [J]. 铁道建筑技术，2002（02）：41-44.

[7] 赵春润. CM 三维复合地基性状研究 [D]. 南京航空航天大学，2007.

[8] 何广讷，等. 关于"多桩型复合地基设计计算方法探讨"的讨论 [J]. 岩土工程学报，2003，25（11）.

[9] 高志勇，卜凡童，安富军. CM 三维高强复合地基技术在某工程中的应用 [J]. 山西建筑，2008（03）：124-125.

［10］　葛忻声，龚晓南. 长短桩复合地基设计计算方法的探讨［J］. 建筑结构，2002（7）.

［11］　卜英伟. 浅谈 CM 桩在某工程中的应用［J］. 广东科技，2007（S1）：153-154.

［12］　中华人民共和国建设部，建筑地基基础设计规范（GB 50007—2002）［S］. 北京：中国建筑工业出版社，2002.

［13］　葛忻声，龚晓南. 长短桩复合地基设计计算方法的探讨［J］. 建筑结构，2002（7）.

［14］　张耀东，王晓东，孙秀杰. CM 长短桩复合地基的设计与应用［J］. 岩土工程技术，2001（2）：41-44.

CM桩复合地基承载性能分析及其数值模拟分析

4.1 刚性桩承载性能分析

桩基中桩与承台刚性连接，在正常情况下，受垂直荷载后桩顶的沉降、桩间土表面的沉降以及承台的沉降都相等。桩顶以下桩各部位的位移都大于相应部位土的位移，桩侧土体对桩产生与桩位移方向相反的侧阻力，即正摩擦力。桩的最大轴力发生在桩的顶部。

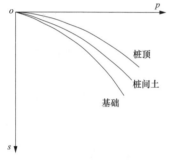

图 4-1　桩顶、桩间土及
基础 p-s 曲线示意图

CM桩复合地基中的刚性桩与上述桩基不同，如图 4-1 所示[1]。任一荷载下桩顶的沉降、桩间土表面的沉降以及基础的沉降均不相同。

如图 4-2（a）所示[2]，在某一深度 z_0 范围内，土的位移大于桩的位移，土对桩产生的摩擦力方向是与桩沉降方向一致的，即所谓的负摩擦力。如图 4-2（b）所示[2]，z_0 处桩的位移和土的位移相等，该断面所处位置为中性点。若 $z > z_0$，则桩的位移大于土的位移，土对桩产生的是正摩

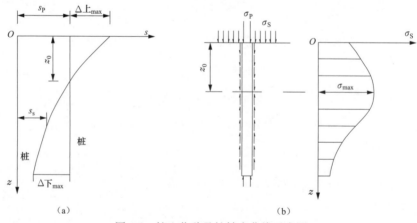

（a）　　　　　　　　　　　　　（b）

图 4-2　桩土位移及桩轴力曲线示意图

（a）桩土位移曲线示意图；（b）桩轴力曲线示意图

擦力。在中性点以上，桩的轴向应力随着深度的增加而增大，中性点以下桩的轴向力随着深度的增加而减小。桩的最大轴向应力就在中性点处。在 CM 桩复合地基中，由于褥垫层的设置，无论桩端落在软土层还是硬土层上，从加荷一开始桩就存在一个负摩擦区，负摩擦区的存在能提高桩间土的承载力，减小复合地基变形。

在 CM 桩复合地基，刚性长桩是核心，不仅分担大部分的上部荷载，而且在控制基础总体沉降方面也起着重要的作用。图 4-3 所示是某工程总沉降量随长桩数量增长的变化曲线图。

刚性长桩的数量直接影响到基础的总沉降量。当刚性长桩的数量占桩总数量的 $0 \sim 40\%$ 时，总沉降量与刚性长桩的数量基本上呈线性比例关系；当刚性长桩数量占桩总数量超过 40% 时，这时由于桩的变形模量较

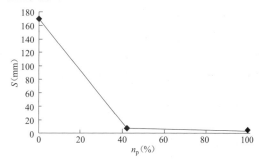

图 4-3　总沉降量随刚性长桩
数量增长的变化曲线

大，复合地基的沉降基本上已经达到了极限，因此长桩数量增多对总沉降量的影响越来越小，只能更多地起到承受上部荷载的作用。此时若再用刚性长桩来弥补承载力的不足，工程造价将会大幅度增加，而减少沉降的效果并不明显，此时如使用亚刚性桩，不仅施工方便，工程造价低，而且能较好地补充承载力，从而满足设计要求。

4.2　亚刚性桩承载性能分析

4.2.1　亚刚性桩桩土应力传递

无论是刚性桩还是散体桩，当竖向荷载逐步施加于单桩桩顶时，桩身上部受到压缩而产生相对于土的向下位移，与此同时桩侧表面受土的向上摩阻力。桩身荷载通过所发挥出来的桩侧摩阻力传递到桩周土层中去，使桩身荷载和桩身压缩变形随深度而递减，在桩土相对位移等于零处，其摩阻力因尚未发挥而等于零。随着荷载的增加，桩身压缩量和位移量增大，桩身下部的摩阻力随之逐步调动起来，桩端土层也因受到压缩而产生桩端阻力。桩端土层的压缩加大了桩土的相对位移，从而使桩身摩阻力进一步发挥出来[3,4]。

桩土的刚度比对荷载的传递有很大的影响[5]，桩土刚度比越小，荷载消减得越快，反之桩土刚度比越大，荷载消减得就越慢。对于刚性桩，由于刚度比很大，桩端分担的荷载的比例就会很大；对于散体桩来说，其具有水平方向鼓胀的特性，荷载通过桩体传递功能后变得很小。亚刚性桩介于钢筋混凝土桩（刚性桩）与碎石桩等（散体桩）之间的一种半刚性桩，具有与刚性桩和散体桩有差别的荷载传递机理。

1. 柔体桩的判别

桩体的刚度的大小对荷载传递规律有较大影响[5]，定义桩体的相对刚度为

$$K = \sqrt{\frac{2E_p(1+\mu_s)}{E_s}} \frac{r}{L} \tag{4-1}$$

式中　E_p——桩体的弹性模量；

　　　L——桩体长度；

　　　r——桩体半径；

　　　E_s——桩间土的弹性模量；

　　　μ_s——桩间土的泊松比。

$K \leqslant 1$ 时，称为柔体桩复合地基；$K > 1$ 时，称为刚体桩复合地基。柔体桩复合地基可以根据 E_p/E_s 值分为两类：$E_p/E_s > 10$ 时，称为水泥土桩；$E_p/E_s \leqslant 10$，称为土桩，包括石灰桩、土桩和灰土桩。按上述公式验算可知，亚刚性桩复合地基属于柔体桩复合地基。

2. 亚刚性桩破坏形式及桩土工作分析

亚刚性桩复合地基的特点是：桩身有足够的强度，在垂直荷载下，桩身不致因侧向约束不足而破坏，但桩身刚度仍然不是太大，在外荷下，桩身仍可能发生较大的压缩变形。亚刚性桩复合地基主要通过桩体的置换作用来提高地基的承载能力，其破坏形式有压曲破坏、刺入破坏[6]。由于要处理的是软土地基，所以刺入破坏发生的可能性较大。刺入破坏发生在摩阻力和端承力均充分发挥的情况下；压曲破坏则发生在桩下有硬土层，且桩周摩阻力较大的情况下或桩身强度强度太低时。由于承台和群桩的存在，桩间土应力增大，从而使侧壁摩阻力有所增加。亚刚性桩是由土体和固化剂胶结而成的，而一般固化剂的凝固时间较长，所以应考虑桩体强度随时间增长的特性。同时，桩体与土体分接口不太明确，两者之间有一个胶结的过渡层加强了桩与土体的接触特性，加之桩身强度较大，所以刺入破坏的可能性很大。由上述分析可知，亚刚性桩复合地基的破坏形式以刺入破坏为主，压曲破坏、剪切破坏也可能发生[7~10]。

亚刚性桩复合地基承载力的发挥要经历桩身逐段压密，侧摩阻力逐渐发挥，最后才是端承力开始发挥的过程。柔体桩基本上是一个摩擦桩。亚刚性桩复合地基桩土应力的变化规律如图 4-4[7] 所示。

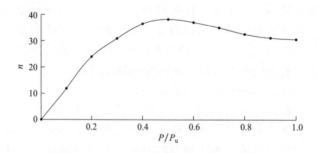

图 4-4　荷载 P 与桩土应力比 n 关系曲线

由图 4-4 可以分析出：开始加荷时，荷载一大部分由桩间土来承担，但随着荷载 P 的增大，桩土应力比 n 开始增大，应力向桩集中，侧摩阻力逐渐发挥。荷载进一步增大时，n 值基本上不变，此时侧摩阻力达到最大值，荷载再进一步增大时，n 值有些下降，说明此时侧摩阻力达到了最大值，荷载增量主要由桩间土和端阻力承担[5]。

3. 桩体受力分析数学模型研究

本章在柔体桩的判别及亚刚性桩破坏形式及桩土工作分析的理论基础上，现进行亚刚性桩桩体应力传递数学模型的研究，从而总结出对刚性桩-亚刚性桩复合地基参数选取有益的相关结论。如图 4-5 所示，在地面下 Z 深度处，取一厚度为 d_z 的亚刚性桩体微段研究，在竖直方向上建立静力平衡条件，有

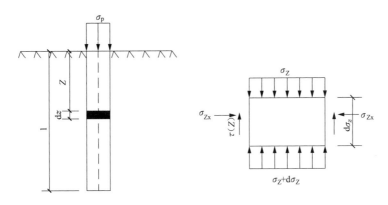

图 4-5　桩土应力图

$$\sigma_z A_p + \gamma_p A_p dz = (\sigma_z + d\sigma_z)A_p + \tau \cdot u \cdot d_z \tag{4-2}$$

整理得
$$\frac{d\sigma_z}{dz} + \frac{\tau \cdot u}{A_p} = \gamma_p \tag{4-3}$$

即
$$\frac{d\sigma_z}{dz} + \frac{(\sigma_z \cdot K \cdot \beta) \cdot u}{A_p} = \gamma_p \tag{4-4}$$

取
$$m = K \cdot \beta \cdot u / A_p \tag{4-5}$$

即
$$\frac{d\sigma_z}{dz} + m\sigma_z = \gamma_p \tag{4-6}$$

故有
$$\sigma_z = e^{-\int m dz}\left(\int \gamma_p e^{\int m dz} dz + C\right) \tag{4-7}$$

将初始条件 $Z=0$ 时，$\sigma_0 = \sigma_p$ 代入式（4-7）得到：
$$\sigma_z = \frac{\gamma_p}{m} + \sigma_p e^{-mz} \tag{4-8}$$

以上式中　σ_z——桩顶面以下 Z 处的附加应力；

$\quad\quad\quad u$——桩的周长；

$\quad\quad\quad \tau$——桩周单位面积侧摩阻力；

$\quad\quad A_p$——桩截面面积；

$\quad\quad\quad \beta$——桩体与土之间的摩擦系数；

$\quad\quad\quad K$——桩的侧压力系数，可取朗肯土压力系数。

从式（4-8）可知，桩顶荷载在深度方向上的传递呈负指数规律逐渐衰减，β、K 越大，即桩的侧摩阻力和桩本身强度越大，应力衰减越快，此时荷重主要由桩的上部来承担；深度越大，应力越小。

4.2.2 亚刚性桩复合地基的承载性状

图 4-6 所示为某典型亚刚性桩的现场静载试验所得出的 $P-s$ 曲线。同图所示的有该桩桩身不同深度处的荷载-沉降曲线。

由图 4-6 中可以看出，亚刚性桩在承受竖向荷载时，桩体的变形是逐渐增加的，荷载-沉降关系曲线上无明显的拐点。这说明，桩侧摩阻力是与其压缩变形大小相对应的，由上至下逐渐发挥。这是典型的柔性桩的承载性状。此外，由图 4-6 中可见，在同一桩顶荷载作用下，桩身位置越深，沉降量越小，在近端处沉降量更小。

柔性桩的这种承载特性在理论分析中也得到了证实。图 4-7 所示为理论分析得出的某搅拌桩（单桩）在不同深度处荷载-沉降关系曲线；图 4-8 所示则为相应的轴向荷载传递规律[10]。综合图 4-7 和图 4-8 可见，与刚性桩不同的是，搅拌桩在上部荷载作用下，由于桩体的逐渐压缩变形，荷载沿深度的深度传递是急剧衰减的，即搅拌桩的受力与变形主要发生于桩体上部，桩体下部的受力与变形均较小。

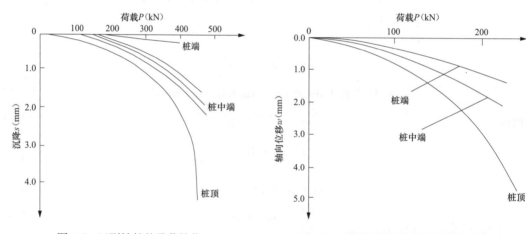

图 4-6 亚刚性桩的承载性状　　　　图 4-7 不同深度处轴向位移的变化规律

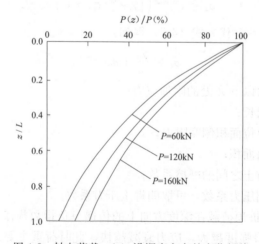

图 4-8 轴向荷载 $p(z)$ 沿深度方向的变化规律

亚刚性桩的这种承载性状可归纳如下。

（1）在桩顶荷载作用下，亚刚性桩的沉降主要是由桩身压缩引起的，而且桩身上部的压缩量比下部的大，到桩端几乎接近于零。

（2）由于桩身上部压缩较大，因此桩周摩阻力在桩身上部得到充分发挥，类似纯摩擦桩的特征。

根据搅拌桩的上述承载性状可知，对一定的地质条件，搅拌桩应有一临界桩长。当桩长超过该临界桩长时，超过部分的桩体承载作用将很小，甚至不起作用。

根据理论分析可知，临界桩长为

$$L_{cr} = \lambda \cdot D \cdot (E_p/E_s)^{\frac{1}{2}} \tag{4-9}$$

式中 L_{cr}——临界桩长；

       λ——与土体泊松比有关的参数；

  E_p、E_s——分别为桩、土的变形模量；

       D——桩径。

由式（4-9）可知，临界桩长与桩径、桩体刚度有关。工程施工实践中，在桩体上部 1/3 桩长范围采取复喷以提高该段桩体刚度的目的即是为了在桩长不增加时提高桩的承载力。

4.3   CM 桩复合地基数值模拟

4.3.1   FLAC3D 程序简介

拉格朗日元法的名词来源于研究流体运动的方法，研究每个流体质点随着时间变化的情况，着眼于研究某一流体质点在任意一个时段的运动轨迹所具有的速度、压力等。Willkins 第一个把拉格朗日元法用于固体力学，但第一个将其用于岩土力学中的则是美国 Itasca 咨询集团公司，这是一家专门从事咨询开发土木及采矿工程应用程序的机构。

FLAC 是连续介质快速拉格朗日分析（Fast Lagrangian Analysis of Continua）的英文缩写，FLAC 程序的基本原理和算法与离散元相似，但它却像有限元更适用于多种材料模式与边界条件的非规则的连续问题求解；FLAC 将待研究的受力体划分为区域和节点，区域间通过节点连为一体。在每个节点上形成的运动方程按时间迭代的方法求解，可以清楚地看到受力体在不同时间的力学特性与响应，而不仅是最终结果，这一优点是其他数值分析方法所不能实现的。FLAC3D 能够进行土质、岩石和其他材料结构受力特性模拟和塑性流动分析，可用于求解有关边坡、基础、桩、坝体、隧道、地下采场以及洞室的应力分析，也能很好地进行动力分析。用户可以根据不同的工况，模拟对象的实际形状，选用不同的多面体基础单元来建立模型。每个单元的行为应根据模拟对象的实际变形准则和实际的边界条件而定，进而调整三维网格中的多面体单元来拟合实际的结构。单元材料可以采用线性或非线性本构模型，在外力作用下，当材料发生屈服流动后，网格能够相应地变形和移动（大变形模式）[11~15]。

FLAC3D 有限差分程序的主要功能特点有以下几个方面[16]：①包含十种材料模型：开挖模型（null model），3 个弹性模型（各向同性，横观各向同性和正交各向同性弹性模型），6 个塑性模型（Drucker-Prager 模型、Morh-Coulomb 模型、应变硬化、软化模型、遍布节理模型、双线性应变硬化/软化遍布节理模型和修正的 cam 黏土模型），该程序还包含了节理单元（或称界面单元），能够模拟两种或多种界面不同材料性质的间断特性，节理（界面）允许发生滑动或分离，因此可以用来模拟岩土体中的断层、节理或摩擦边界。②具有三维网格生成器，通过匹配、连接，有网格生成器生成局域网格，能够方便地生成所需要的三维结构网格，生成器还能够自动交叉结构结构区域网格。三维网格由整体坐标系 x、y、z 系统所确定，它是由行列方式确定，由此提供了比较灵活的三维空间参数定义方式。③具有良好的模拟功能，能够模拟区域地下水流动、孔隙水压力扩散以及可变形的多孔隙固体和在孔隙内黏性流动的相互耦合，流体模型可以与结构力学分析分别单独进行。使用 FLAC 中的结构单元，可以用来模拟隧道衬砌、柱桩、板桩、锚索、岩锚或土工织物等，由此来评价开挖支护结构的加固效果，或研究岩土支护结构的稳定状态。

FLAC3D 采用的"显示拉格朗日"算法和"混合—离散分区"技术能够准确地模拟材料的塑性破坏和流动，在解决非线性问题和大应变问题以及模拟物理上的不稳定过程上，为地质工程技术提供了一种较为理想的分析工具。由于采用了自动惯量和自动阻尼系数，克服了显示公式存在的小时间步长的限制以及阻尼问题。所以，FLAC3D 是一个求解三维岩土工程问题的最理想工具。

4.3.2 计算模型的选取

在计算单元模型的选择上，为了便于分析研究，取与实际工程相接近的一个单元，如图 4-9 所示。为了简化计算，分析没有考虑地下水的影响，没有考虑桩间土体的相对滑动。刚性长桩和水泥土搅拌短桩桩径均取 500mm，长桩与短桩桩中心间距取 $4d$（d 为桩径），

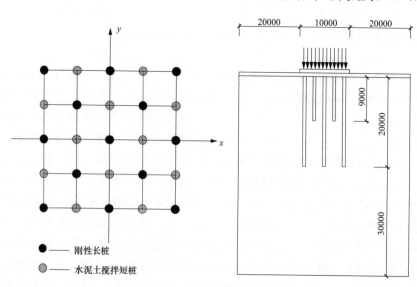

图 4-9 计算模型示意图

即 2.0m；刚性长桩桩长取 20m，水泥土搅拌短桩桩长 9m，褥垫层厚度取 20cm。计算过程选用 Mohr-Coulomb 本构模型，初始地应力场为自重应力场。在计算分析中，刚性桩、亚刚性桩、桩间土、承台及褥垫层的相关参数取值按实际情况取代表值，具体详见表 4-1。

表 4-1　　　　　　　**各 材 料 参 数 值**

名称＼指标	变形模量 （MPa）	泊松比	直径 （m）	厚（长）度 （m）	内摩擦角 （°）	黏聚力 （kPa）
基础	3.0×10^4	0.20	—	0.6		
褥垫层	50（25、80、250）	0.20	—	0.2	30	0
刚性长桩	3.0×10^4（1.5×10^4、 1.8×10^4、2.2×10^4）	0.20	0.50	20（21、22、 23、24）		
水泥土搅拌短桩	100（15、30、40、 200、280）	0.20	0.50	9（7、8、 10、11）		
桩间土	5.0	0.40	—	—	20	25

在 FLAC3D 中，所有的材料模型都是假设为取决于两个弹性的常数，即体积模量 K 和剪切模量 G。由于 K 和 G 比弹性模量 E 和泊松比 μ 包含了更多的材料基本特性，因此在 FLAC3D 中被采用由弹性模量 E 和泊松比 μ 转化为体积模量 K 和剪切模量 G 的函数关系为[17]

$$K = \frac{E}{3(1 - 2\mu)} \tag{4-10}$$

$$G = \frac{E}{2(1 + \mu)} \tag{4-11}$$

弹性模量 E 与实验常给出的压缩模量 E_s 的转换关系为

$$E = E_s \left(1 - \frac{2\mu^2}{1 - \mu}\right) \tag{4-12}$$

CM 桩复合地基和土体网格划分如图 4-10 所示。只考虑图 4-10 中范围内的土体变形及荷载分担，其他范围的土体对复合地基承载性能的影响可以忽略不计。

4.3.3　计算结果分析

本例中，通过逐一变化各材料参数值，依次以荷载 80kPa、100kPa、120kPa、140kPa、160kPa、180kPa、200kPa、220kPa、240kPa 进行加载，以 FLAC3D 运行计算结果绘制图表，并对所绘制的图表进行研究分析。

1. 荷载-沉降关系

80kPa、100kPa、160kPa、200kPa、240kPa 作用下的 CM 桩复合地基 FLAC3D 竖向沉降变形图如图 4-11～图 4-15 所示。

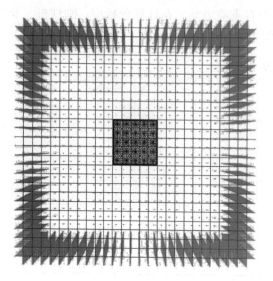

图 4-10　CM 桩复合地基和土体网格

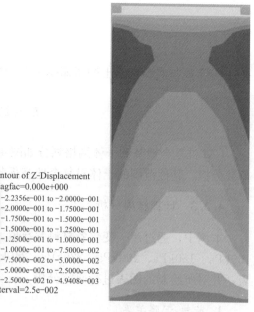

Contour of Z-Displacement
Magfac=0.000e+000

-1.9555e-001 to -1.8000e-001
-1.8000e-001 to -1.6000e-001
-1.6000e-001 to -1.4000e-001
-1.4000e-001 to -1.2000e-001
-1.2000e-001 to -1.0000e-001
-1.0000e-001 to -8.0000e-002
-8.0000e-002 to -6.0000e-002
-6.0000e-002 to -4.0000e-002
-4.0000e-002 to -2.0000e-002
-2.0000e-002 to -3.8926e-003

Interval=2.0e-002

图 4-11　80kPa 荷载作用下的 CM 桩
复合地基竖向沉降变形图

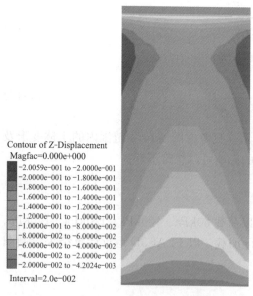

Contour of Z-Displacement
Magfac=0.000e+000

-2.0059e-001 to -2.0000e-001
-2.0000e-001 to -1.8000e-001
-1.8000e-001 to -1.6000e-001
-1.6000e-001 to -1.4000e-001
-1.4000e-001 to -1.2000e-001
-1.2000e-001 to -1.0000e-001
-1.0000e-001 to -8.0000e-002
-8.0000e-002 to -6.0000e-002
-6.0000e-002 to -4.0000e-002
-4.0000e-002 to -2.0000e-002
-2.0000e-002 to -4.2024e-003

Interval=2.0e-002

图 4-12　100kPa 荷载作用下的 CM 桩
复合地基竖向沉降变形图

Contour of Z-Displacement
Magfac=0.000e+000

-2.2356e-001 to -2.0000e-001
-2.0000e-001 to -1.7500e-001
-1.7500e-001 to -1.5000e-001
-1.5000e-001 to -1.2500e-001
-1.2500e-001 to -1.0000e-001
-1.0000e-001 to -7.5000e-002
-7.5000e-002 to -5.0000e-002
-5.0000e-002 to -2.5000e-002
-2.5000e-002 to -4.9408e-003

Interval=2.5e-002

图 4-13　160kPa 荷载作用下的 CM 桩
复合地基竖向沉降变形图

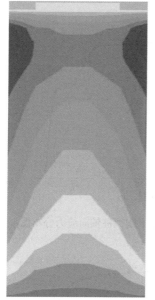

图 4-14　200kPa 荷载作用下的 CM 桩
复合地基竖向沉降变形图

图 4-15　240kPa 荷载作用下的 CM 桩
复合地基竖向沉降变形图

荷载与沉降的关系图 4-16 所示。

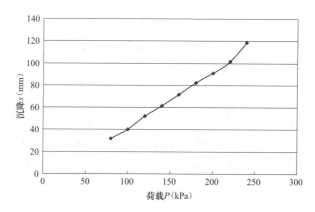

图 4-16　CM 桩复合地基荷载与竖向沉降曲线图

从整个加载过程来看，随着荷载的增加，复合地基沉降也在增加，基本上呈线性关系。240kPa 荷载作用下，复合地基沉降变形高达 11.87cm，这是因为模拟计算选取的桩间土参数为均一的软弱土的缘故。

2. 刚性桩、亚刚性桩沿轴向应力特征

图 4-17 和图 4-18 所示分别给出了荷载为 100kPa、200kPa 的刚性桩沿轴向应力分布图（桩身应力在此规定为正值）。从图 4-17、图 4-18 可以看出，CM 桩复合地基中刚性长桩桩身的最大应力点都不在桩顶，而是发生在桩顶下一定深度部位，即说明桩顶下一定范围内

存在着负摩阻力。

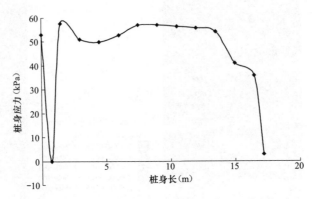

图 4-17 100kPa 荷载作用下刚性桩轴向应力分布图

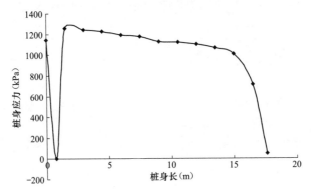

图 4-18 200kPa 荷载作用下刚性桩轴向应力分布图

由图 4-19 和图 4-20 可以看出（桩身应力在此规定为正值），在亚刚性桩桩顶下 1.0m 范围内，随着桩长入土深度的增加，桩沿轴向应力衰减很快，基本上呈线性关系。0.9～1.0m 处，随着桩长入土深度的增加，桩沿轴向应力衰减的幅度开始明显变缓。事实上，桩顶荷载在深度方向上的传递呈负指数规律逐渐衰减，桩的侧摩阻力和桩本身强度越大，应力衰减越快，荷重主要由桩的上部来承担；深度越大，应力越小。由图 4-19 和图 4-20 也可

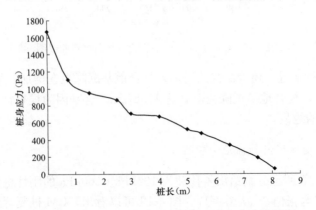

图 4-19 100kPa 荷载作用下亚刚性桩轴向应力分布图

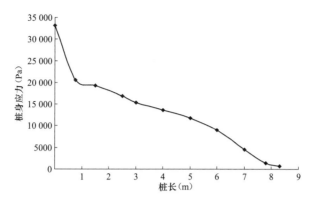

图 4-20 200kPa 荷载作用下亚刚性桩轴向应力分布图

以看出：桩底的位置桩身应力只占桩顶应力的不到 10%，应力大幅度衰减在 5～6 倍的桩径范围（0～3m）内。也就是说大部分的桩体应力集中在上部 5～6 倍桩径的桩长（0～3m）范围内。此即验证了本章 4.2.1 节关于亚刚性桩承载性能分析的正确性。

3. 刚性桩、亚刚性桩、褥垫层变形模量变化对复合地基的影响

根据 FLAC3D 在 100kPa 荷载作用下运行时的数据绘制出图 4-21。由图 4-21 可以分析得出，在不同刚性桩变形模量下，刚性桩的荷载分担比为 50.1%～54.2%，亚刚性桩的荷载分担比为 10.7%～12.2%，桩间土的荷载分担比为 32.6%～37.3%，三者随刚性桩模量的变化并不显著。因此在实际工程中，适当选择刚性桩的模量既能充分发挥桩体的承载力，又有利于节省工程造价。亚刚性桩的应力同样在刚性桩模量为 18 000MPa 时达到最大，随后趋于稳定。桩间土应力则在刚性桩模量为 18 000MPa 时最小。这就说明，对于刚性桩，存在某个刚性桩桩体模量使得刚性桩、亚刚性桩能同时发挥最大的承载力，所以单纯地提高刚性桩的变形模量不是有效提高复合地基承载力的好方法。

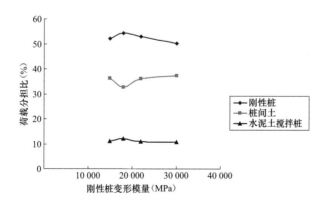

图 4-21 桩体与桩间土荷载分担比与刚性桩变形模量的关系曲线图

根据 FLAC3D 在 100kPa 荷载作用下运行时的数据绘制出图 4-22。由图 4-22 可以分析得出，在不同亚刚性桩的变形模量下，刚性桩的荷载分担比为 51.5%～57.9%，亚刚性桩的荷载分担比为 6.6%～11.8%，而桩间土则为 35.5%～40.0%。随着桩体变形模量的增

加，亚刚性桩所分担的荷载比值呈上升之势，所以提高亚刚性桩桩身的变形模量有利于提高复合地基的承载力。

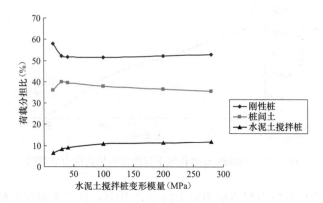

图 4-22 桩体与桩间土荷载分担比与亚刚性桩变形模量的关系曲线图

增加亚刚性桩的变形模量虽有利于提高亚刚性桩分担荷载的作用，但在整个复合地基中，亚刚性桩承担荷载的份额较小，增加其变形模量虽然有利于提高复合地基的承载力，但对于提高其荷载分担量并无十分显著的效果，因此在选用亚刚性桩时主要应着眼于其对浅层土的处理效果上。

根据 FLAC3D 在 160kPa 荷载作用下运行时的数据绘制出图 4-23。由图 4-23 可以看出：增加褥垫层的变形模量可以加大荷载在刚性桩上的集中，所以选取褥垫层的变形模量时要根据实际工程慎重考虑。

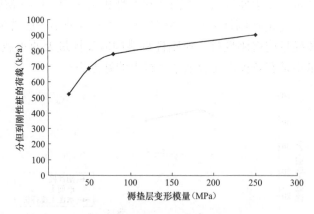

图 4-23 160kPa 荷载作用下分担到刚性桩的荷载与
褥垫层变形模量关系曲线图

4. 刚性桩、亚刚性桩桩长变化对复合地基的影响

根据 FLAC3D 在 100kPa 荷载作用下运行时的数据绘制出图 4-24。由图 4-24，此时水泥土搅拌短桩桩长 $l = 9m$，可以看出：随着刚性桩桩长的增加，刚性桩-亚刚性桩复合地基沉降几乎呈明显的线形减小。

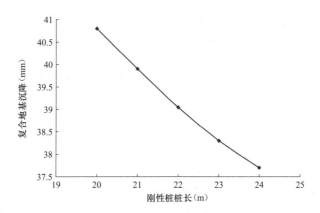

图 4-24　刚性桩桩长与复合地基沉降的关系曲线图

根据 FLAC3D 在 100kPa 荷载作用下运行时的数据绘制出图 4-25。由图 4-25，此时刚性长桩桩长 $l=20$m，可以看出：随着亚刚性桩桩长由 7m 增加到 10m，复合地基沉降由 41.8mm 减小到 39.3mm，仅仅减少了 2.5mm。这与亚刚性桩变形模量的增大对复合地基承载力影响趋势一致，即水泥土搅拌短桩桩长的增加对 CM 桩复合地基的沉降影响较小，对复合地基的沉降起控制作用的主要因素仍然是刚性长桩。因此在选用亚刚性桩时主要应着眼于其对浅层土的处理效果上。

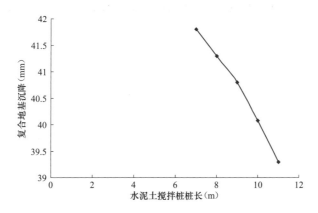

图 4-25　亚刚性桩桩长与复合地基沉降的关系曲线图

本 章 参 考 文 献

［1］　赵春润. CM 三维复合地基性状研究［D］. 南京航空航天大学，2007.　［2］郑刚等. 水泥搅拌桩荷载传递机理研究［J］. 土木工程学报，2002，10，35（5）.

［2］　刘波，韩彦辉. FLAC 原理、实例与应用原理（第一版）［M］. 北京：电子工业出版社，2005.

［3］　何开胜. 水泥土搅拌桩设计计算方法探讨［J］. 岩土工程学报，2003（1）：25（1）.

［4］　孙秋荣. CM 三维高强复合地基工作机理及在徐州地区适用性的研究［D］. 西安建筑科技大学，2005.

［5］ 石启斌. CM桩复合地基承载力试验结果分析［J］. 岩土工程技术，2005（02）：106-109.

［6］ 高志勇，卜凡童，安富军. CM三维高强复合地基技术在某工程中的应用［J］. 山西建筑，2008（03）：124-125.

［7］ 万志勇，韩建强，高玉斌，王巍. CM桩复合地基在岩溶地区高层建筑中的应用［J］. 建筑结构，2012（06）：118-120.

［8］ 龙森，王瑞甫，胡兴尧，刘品. 斜坡软土路基处治方案研究［J］. 交通科技，2013（01）：103-105，110.

［9］ 张爱军，谢定义. 复合地基三维数值分析［M］. 北京：科学出版社，2004.

［10］ 杨延纯，张庆新，孙玉海. CM桩复合地基的应用与研究［J］. 黑龙江科技信息，2003（06）：176.

［11］ 李玉兰，FLAC基本原理及在岩土工程分析中的应用［J］. 企业技术开发，2007（4）.

［12］ 陈育民，徐鼎平. FLAC/FLAC3D基础与工程实例（第一版）［M］. 北京：中国水利水电出版社，2008：260-295.

［13］ 曾静，盛谦，廖红建，等. 佛子岭抽水蓄能水电站地下厂房施工开挖过程的FLAC3D数值模拟［J］. 岩土力学，2006，27（4）：637-642.

［14］ Duo-xi Yao，Ji-ying Xu and Hai-feng Lu. Nonlinear coupling analysis of coal seam floor during mining based on FLAC3D，Journal of Coal Science and Engineering（China），2011，Volume 17，Number 1，Pages 22-27.

［15］ L. Z. Wu and R. Q. Huang. Calculation of the Internal Forces and Numerical Simulation of the Anchor Frame Beam Strengthening Expansive Soil Slope，Geotechnical and Geological Engineering.

［16］ 刘波，韩彦辉（美国）. FLAC原理、实例与应用指南［M］. 北京：人民交通出版社，2005.

第五章

CM桩复合地基设计

5.1 设 计 准 备

5.1.1 CM 桩复合地基的认识

CM 复合地基中优化配置的 C 桩和 M 桩形成具有合适竖向刚度的三层地基，变形模量较高，减少了复合地基的沉降。特别是它可以对局部的软弱地基进行有针对性的加强，从而有效地解决建筑物或构筑物的不均匀沉降问题。对 CM 复合地基的认识，还要注意以下几个问题。

（1）桩基中桩顶与基底、承台下地基土面是在同一个平面上的，而 CM 复合地基中 C 桩顶、M 桩顶与桩间土面是不在同一标高上的，而且通过褥垫层的协调变形随着竖向荷载的变化而变化，不能用力学的刚度分配概念分析套用。

（2）复合地基中桩的受力状态是优于桩基的，简单用桩基试验来检测复合地基承载力是不合适的。

（3）垫层厚度的变化会改变复合地基中桩的受力情况，在厚度加到一定值时，桩对复合地基强度没有贡献。

（4）复合地基强度不是简单的单桩承载力加地基土的承载力。随着复合地基强度的提高，复合地基已发展到不能理解为仅是软地基处理。运用"缺多少补多少"（即需补的是标准组合荷载值与修正后的桩间土承载力特征值的差值）概念设计，竖向附加应力大，刚度大，强度高，可以得到较大经济效益。

5.1.2 CM 桩复合地基适用范围

CM 复合地基除适用于一般黏性土、砂性土、黏性土和砂性土互层等地基处理外，也适用于淤泥、淤泥质黏性土、岩溶地层、花岗岩残积土地层、湿陷性黄土地层的地基处理。

实践证明，对于承载力较小的软弱地基，用 CM 复合地基的处理效果优于用全刚性桩处理，主要是由于其空间刚度梯度的组合形成新的高强应力场，既可以调动浅层土又可以调动深层土参加工作，同时 C 桩间静态施工的 M 桩可以使复合地基强度得以提高。

对于基础落在填土层上的地基能否用 CM 复合地基处理法进行加固，应视填土层厚度、填土历史等情况具体分析。

近几年，CM 复合地基在广东省岩溶地区已大面积获得成功应用，岩溶地质采用 CM 复合地基有以下优点：

（1）当采用长螺旋泵送混凝土工法施工 C 桩时，可以同时进行填土洞，而不必采用专用设备另行处理。

（2）当采用复合地基上的筏基或柱下扩展基础取代桩基础时，可将作用于溶洞顶板上强大的桩端集中力变为均匀的小附加应力，使岩面应力大大减小，可以不计算溶洞顶板的承载力（厅式溶洞除外）。

（3）当采用长螺旋泵送混凝土工法施工时，如遇开口溶洞即可同时进行填堵。鉴于开口溶洞往往伴随土洞发育，填堵处理既可以避免土方上层下塌，又堵塞了土颗粒的运移通道，抑制新的土洞发育。

（4）根据实践经验，在岩溶地区选择 C 桩桩型时，应慎用冲、钻孔灌注桩及预制管桩。

5.1.3　CM 桩复合地基设计前需要完成的工作

在设计 CM 桩复合地基前，应完成以下工作。

（1）CM 桩复合地基适用于处理淤泥、淤泥质土、粉土、砂土、黏性土、素填土、杂填土等土类和下伏岩溶地层、非饱和土地层、花岗岩球形风化孤石地层及湿陷性黄土地层等。

（2）搜集详细的岩土工程勘察资料、上部结构设计及基础资料。

（3）根据工程的要求和采用天然地基时存在的主要问题，确定地基处理的目的、处理范围和处理后要求达到的各项技术经济指标。

（4）结合工程情况，了解建筑场地的环境情况及当地的施工条件，选择合适的施工机械，对有特殊要求的工程，尚应了解相似场地上同类工程的地基处理经验和使用效果。

（5）岩溶地质及花岗岩球形风化孤石地层，应在设计中做好土洞及溶洞、孤石的处理方案。

（6）调查场地历史变迁状况、邻近建筑、地下工程和有关地下、地上管线等情况。

（7）按照上部结构设计，计算建筑物投影面积上的荷载强度和变形要求，根据工程地质勘查资料揭示的地层情况选择地基持力层。

5.2　CM 桩复合地基设计

CM 桩复合地基的增强体刚性桩宜设计为端承桩或摩擦桩，持力层宜选择可塑的黏性土、中密的砂性土、强风化基岩层、岩溶地区的基岩面等承载力相对较高、压缩性较低的土（岩）层。刚性桩应伸入持力层且深度不小于 d（d 为桩的直径），对于中微风化岩层可至岩层的表面。亚刚性桩可置于浅部较好的土层之上。CM 桩复合地基增强体按压缩模量分类：刚性桩，压缩模量 $\geq 10^3$ MPa；亚刚性桩，10^2 MPa $\leq$ 压缩模量 $< 10^3$ MPa。

为减少差异沉降及基础内力，CM 桩复合地基宜采用改变地基刚度的调平设计，或下述设后浇带、施工缝设计方案。

（1）对主楼与裙楼连体的建筑，裙楼（含纯地下室）地基宜弱化（如可采用天然地基或减小CM桩复合地基处理深度）。

（2）对框架核心筒结构、筒中筒结构的建筑，可以强化核心筒区域地基（如缩小CM桩复合地基中的桩距，增加桩长）。

（3）大型筒仓的地基宜内强外弱。

（4）长条状建筑宜中部强端部弱。

（5）荷载严重不均匀的建筑，应对CM桩复合地基进行变刚度设计，分别计算强度变形。

（6）对荷载差异很大的高层建筑主楼与裙楼之间，除考虑不同强度设计外，还需在基础设置后浇带或施工缝。

应根据工程地质、建筑结构设计等资料，进行CM桩复合地基强度计算和变形验算，以确定地基处理深度（即刚性桩、亚刚性桩长度）。当加固深度以下存在软弱下卧层时，还应对软弱下卧层进行强度变形验算。

5.2.1　构造要求

CM桩复合地基的构造应该满足以下条件：

（1）CM复合地基的增强体（桩体），是采用刚性桩及亚刚性桩，与散体桩和柔性桩复合地基不同，桩体可以只布置在基础范围内。

（2）平面布置刚性桩和亚刚性桩桩位时，最常用的布置方式为矩形布置，如图5-1所示；也可纵横向间隔、三角形、方形、圆形、环形布置，如图5-2所示。特殊情况也可用其他形式布置。筏板基础周边宜布置刚性桩。

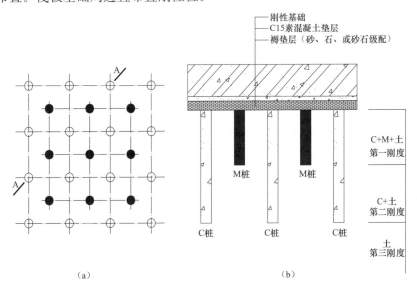

（a）　　　　　　　　　　　　　　　（b）

图5-1　CM桩三维高强复合地基最常用布桩方式

（a）矩形布置；（b）A-A剖面

○—C桩（刚性桩）；●—M桩（亚刚性桩）

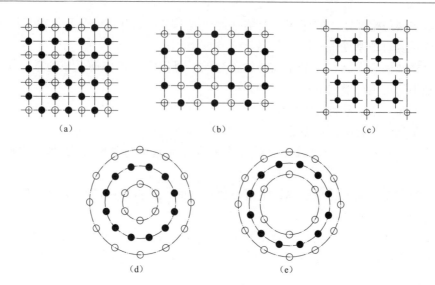

图 5-2　CM 桩三维高强复合地基常用布桩方式

（a）纵横间隔布置；（b）三角形布置；（c）方形布置；（d）圆形布置；（e）环形布置

○—C 桩（刚性桩）；●—M 桩（亚刚性桩）

（3）CM 桩复合地基应长短桩布置，亚刚性桩宜为刚性桩长的 $1/2 \sim 1/3$。

1）刚性桩桩径宜采用 $300 \sim 600$mm，亚刚性桩桩径宜采用 $400 \sim 700$mm。CM 复合地基的桩长在临界工作长度范围内桩径宜细不宜粗，桩细则工程量较小，较为经济。M 桩的临界长度可取 $(20 \sim 30) d$；C 桩的临界长度可取 $(80 \sim 100) d$。

2）桩距应根据地层结构特点、设计要求的复合地基承载力特征值、施工工艺等确定。按《建筑桩基技术规程》（JGJ 94—2008）选定施工工艺后，刚性桩桩距宜满足 $2.5 \sim 7$ 倍刚性桩桩径。桩距设计首先要满足承载力和变形的要求。从施工角度考虑，尽量采用较大的桩距，但从复合地基桩土共同作用考虑，桩距也应受到限制，最大桩距不宜超过 7 倍桩径。

3）CM 桩复合地基的增强体刚性桩宜设计为端承桩或摩擦桩，持力层宜选择可塑的黏性土、中密的砂性土、强风化基岩层、岩溶地区的基岩面等承载力相对较高、压缩性较低的土（岩）层。刚性桩应伸入持力层且深度不小于 d（d 为桩的直径），中微风化岩层可至岩层的表面。亚刚性桩可置于浅部较好的土层之上。亚刚性桩可进入较好土层。桩长除应满足变形计算要求外，在计算单桩承载力时，桩体计算长度不宜大于桩的临界长度。

4）应在桩顶和基础间满铺褥垫层，褥垫层的厚度宜取 $150 \sim 400$mm，当桩径大、桩距大、土层压缩性高时褥垫层厚度取大值，反之取小值。对于改建工程地基处理，将原大直径桩承载力降低使用时，可以局部提高褥垫层厚度，厚度可以大于 300mm。褥垫层材料宜用中粗砂（含泥量不得大于 5%）、级配砂石或碎石，最大粒径不宜大于 30mm，当使用粉细砂时应掺入 25%～30%的碎石。褥垫层虚铺后应予以夯实，且夯填度（夯实厚度与虚铺厚度之比）应小于 0.9。对于桩端支于中微风化岩层等以端承为主的桩时，应局部提高褥垫层厚度。在湿陷性黄土地区褥垫可采用三七灰土。褥垫层在 CM 复合地基中具有以下作用：

a. 确保桩与土同时、直接、共同承担荷载，它是形成 CM 复合地基的重要条件，如图 5-3 所示。

b. 通过改变褥垫层厚度，可以调整桩土垂直荷载的分担比，垫层越薄，桩分担荷载越多。

c. 减少基础底面的应力集中。当褥垫厚度 $\Delta H = 0$ 时，桩对基础的应力集中很显著，和桩基础一样，需要考虑桩对基础的

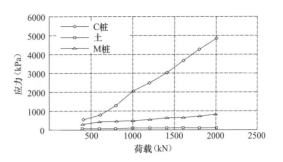

图 5-3　CM 复合地基桩土共同作用图

冲切破坏；当 ΔH 大到一定程度后，基底反力即为天然地基的反力分布。桩顶对应的基础底面测得的反力 σ_{RP} 与桩间土对应的基础底面测得的反力 σ_{RS} 之比用 β 表示（$\beta = \sigma_{RP}/\sigma_{RS}$），$\beta$ 值与褥垫厚度 ΔH 的变化如图 5-4 所示。当褥垫厚度大于 10cm 时，桩对基础底面产生的应力集中已显著降低；当 ΔH 为 20cm 时，β 值已接近于 1.0，基础底面应力已接近均布。

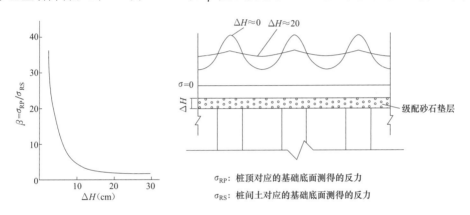

图 5-4　β 值与垫层厚度关系曲线

d. 调整桩、土水平荷载的分担。褥垫层厚度过小，在软弱淤泥土层中褥垫层会产生较大变形，形成桩间土的下陷；褥垫层厚度过小，会使桩间土承载能力不能充分发挥，要达到设计要求的承载力，必然要增加桩的数量或长度，造成经济上的浪费；唯一带来的好处是建筑物的沉降量小。褥垫层厚度大，桩对基础产生的应力集中很小，可以不考虑桩对基础的冲切作用，基础受水平荷载的作用，不会发生桩的折断；褥垫层厚度大，能够充分发挥桩间土的承载能力。若褥垫厚度过大，会导致桩、土应力比等于或接近于 1，此时桩承担的荷载太少，使得复合地基中桩的设置失去意义。这样设计的 CM 复合地基承载力不会比天然地基有较大的提高，而且建筑物的变形也大。

结合试验，考虑到技术上要可靠、经济上要合理，褥垫层厚度取 150～400mm 为宜。在地基基础改造工程中，因原有桩基刚度较大，欲降低承载力使用，可采用局部（仅桩顶）加大褥垫层厚度的方法，推迟桩参加工作以降低桩承载力的分担比。

褥垫层材料多用粗砂、中砂或石屑。当采用卵石时，其粒径配比宜通过现场不同粒径卵石配比的压实试验后选用。采用砂碎石时参考配合比为碎石∶石屑∶砂∶水＝5∶3∶

1:1;采用卵石垫层时参考配比为砂:细卵石:卵石＝1:1:1。

垫层夯实对触变灵敏度大的黏性土宜静力压实。

5）在褥垫层与基础间应铺设 C15 素混凝土垫层，垫层厚度宜取 100mm。

6）砂石褥垫层和素混凝土垫层应挑出基础不宜小于 150mm。

7）当刚性桩为预应力管桩时，在褥垫层铺设前，应在顶部用素混凝土灌孔，灌孔深度为一倍桩径，材料可采用 C20 细石混凝土。

5.2.2 设计计算

（1）CM 桩复合地基承载力特征值通过现场复合地基载荷试验确定，或采用增强体的载荷试验结果和其桩间土的承载力特征值结合经验计算，初步设计时也可按式（5-1）和式（5-2）进行估算。

（2）在 CM 桩复合地基上部（刚性桩、亚刚性桩和桩间土共同工作）范围内有

$$f_{spk} = \frac{\eta_c m_c R_{ac}}{A_{pc}} + \frac{\eta_m m_m R_{am}}{A_{pm}} + \eta_s (1 - m_c - m_m) f_{sk} \tag{5-1}$$

（3）在 CM 桩复合地基下部（刚性桩和桩间土共同工作）范围内有

$$f_{spk} = \frac{\eta_c m_c R_{ac}}{A_{pc}} + \eta_s (1 - m_c) f_{sk} \tag{5-2}$$

式中　f_{spk}——复合地基承载力特征值，kPa；

　　　f_{sk}——处理后桩间土承载力特征值，宜按当地经验取值，当无经验时可取天然地基承载力特征值，kPa；

　m_c、m_m——分别为刚性桩、亚刚性桩的面积置换率；

η_c、η_m、η_s——分别刚性桩、亚刚性桩及桩间土的参与工作系数，η_c 取 0.7～1.1，η_m 取 0.95～1.0，η_s 取 1.0～1.2（浅层土质差或垫层薄时 η_s 取低值，浅层土质好或垫层厚时 η_s 取高值）；

　A_{pc}、A_{pm}——分别为刚性桩、亚刚性桩单桩截面面积，m²；

　R_{ac}、R_{am}——刚性桩、亚刚性桩单桩竖向承载力特征值，kN。

（4）刚性桩单桩竖向承载力特征值 R_{ac} 的取值应符合以下规定。

1）当采用单桩载荷试验时，应将单桩竖向极限承载力除以安全系数 2。

2）当无单桩竖向载荷试验资料时，可按下式估算

$$R_{ac} = U_p \sum_{i=1}^{n} q_{si} l_i + q_p A_{pc} \tag{5-3}$$

式中　R_{ac}——刚性桩单桩竖向承载力特征值，kPa；

　　　U_p——桩的周长，m；

　　　q_{si}——桩周第 i 层土的侧阻力特征值，kPa；

　　　q_p——桩端端阻力特征值，kPa；

　　　l_i——桩穿越第 i 层土的厚度，m；

　　　A_{pc}——刚性桩的截面积，m²。

q_{si}、q_p 由选定的施工方法，参照岩土工程勘察报告，按有关桩基规范选定。

（5）刚性桩采用非预制桩时，参照《建筑地基处理技术规范》（JGJ 79—2012）第 9.2.7 项规定，桩体试块抗压强度平均值应满足

$$f_{cu} \geqslant 3.0 \times \frac{R_{ac}}{A_{pc}} \tag{5-4}$$

当考虑基础埋深深度修正时有

$$f_{cu} \geqslant 3.0 \times \frac{R_{ac}}{A_{pc}} + r_m(d - 0.5) \tag{5-5}$$

式中　f_{cu}——桩体试块（边长 150mm 立方体）标准养护 28 天立方体抗压强度平均值，kPa。

　　　　R_{ac}——刚性桩单桩竖向承载力特征值，kPa；

　　　　A_{pc}——刚性桩截面积，m^2；

　　　　r_m——基础底面以上的加权平均重度，地下水位以下取浮容重。

（6）刚性桩采用预制混凝土桩时，桩身竖向承载力极限值应不小于单桩竖向承载力特征值的 2 倍。

（7）亚刚性桩采用水泥土桩时，单桩竖向承载力特征值 R_{am} 由选定的施工方法确定。亚刚性桩单桩竖向承载力特征值应通过现场载荷试验确定。初步设计时也可以按式（5-6）估算，并应同时满足式（5-7）的要求，应使由桩身材料强度确定的单桩承载力大于（或等于）由桩周土和桩端土的抗力所提供的单桩承载力。

$$R_{am} = U_p \sum_{i=1}^{n} q_{si} l_i + q_p A_{pm} \tag{5-6}$$

$$R_{am} = \eta f_{cuk} A_{pm} \tag{5-7}$$

式中　f_{cuk}——与搅拌桩水泥土配比相同的室内加固土试块（边长为 70.7mm 的立方体，也可以采用边长为 50mm 的立方体）在标准养护条件下 90d 龄期的立方体抗压强度平均值，kPa；

　　　　η——桩身强度折减系数，干法可取 0.20～0.30，湿法可取 0.25～0.33；

　　　　U_p——桩周长；

　　　　n——桩长范围内所划分的土层数；

　　　　q_{si}——桩侧第 i 层土的摩阻力特征值；

　　　　l_i——桩端土承载力折减系数；

　　　　q_p——桩端土未经修正的承载力特征值，kPa；

　　　　A_{pm}——桩截面积。

（8）地基处理后的变形计算应按现行国家标准《建筑地基基础设计规范》（GB 50007—2011）的有关规定执行。复合土层的分层与天然地基相同，各分层复合土层的压缩模量取该层天然地基压缩模量的 ξ 倍。ξ 值可按下式确定

$$\xi = \frac{f_{spk}}{f_{ak}} \tag{5-8}$$

式中　f_{ak}——基础底面下相应分层天然地基承载力特征值，kPa；

　　　　f_{spk}——基础底面下相应分层复合地基承载力特征值，kPa。

变形计算经验系数 Ψ_s 根据当地沉降观测资料及经验确定，也可以采用表 5-1 中的

数值。

表 5-1 变形计算经验系数 ψ_s

$\overline{E_s}$ （MPa）	2.5	4.0	7.0	15.0	30.0	45.0
Ψ_s	1.1	1.0	0.7	0.4	0.25	0.15

注意 $\overline{E_s}$ 为变形计算深度范围内压缩模量的当量值，应按下式计算

$$\overline{E_s} = \frac{\sum A_i}{\sum \dfrac{A_i}{E_{si}}} \tag{5-9}$$

式中 A_i——第 i 层土附加应力系数沿土层厚度的积分值；

E_{si}——基础底面下第 i 层土的压缩模量，MPa；桩长范围内的复合土层按复合土层的压缩模量取值。

（9）复合土层下的沉降按《建筑地基基础设计规范》（GB 50007—2011）分层总和法进行计算，复合土层下的附加应力取用通过复合土层扩散后的应力进行计算。

（10）地基变形计算时，压缩层深度应大于复合土层厚度，且应符合

$$\Delta S_n' \leqslant 0.025 \sum_{i=1}^{n} \Delta S_i' \tag{5-10}$$

式中 $\Delta S_i'$——在计算深度范围内，第 i 层土的计算变形值；

$\Delta S_n'$——在由计算深度向上取厚度为 Δz 的土层计算变形值，Δz 按表 5-2 所列值确定。

如确定的计算深度以下仍有较软土层时，应继续计算。

表 5-2 计算厚度 Δz 取值表

b （m）	$b \leqslant 2$	$2 < b \leqslant 4$	$4 < b \leqslant 8$	$8 < b$
Δz （m）	0.3	0.6	0.8	1.0

注：b 为基础宽度，m。

（11）计算中的参数的选取。复合地基的桩的工作原理与桩基是不同的。受荷载以后桩基的桩与基础及土在同一标高。CM 复合地基 C 桩、M 桩、土及基础是在不同的标高的。

CM 复合地基的桩体极限承载力一般比单桩荷载试验得到的数值要大。其原因是：作用在桩间土上的荷载和作用在桩上的荷载两者对桩间土的作用，以及 M 桩的桩端反力导致了桩周侧压力增加，从而使桩体的极限承载力得以提高。在施工工艺方面，对于长螺旋泵送混凝土桩及预制桩可取高值，对于沉管法施工的灌注桩宜取低值。在设计计算方面，当褥垫层厚时（大于 200mm）取低值。

试验得出：CM 复合地基中刚性桩与亚刚性桩组合得较好的平面刚度梯度；压缩模量数量级 C 桩为 10^4 MPa，M 桩为 $10^{2\sim3}$ MPa，土为 10MPa；由于褥垫层的协调变形，试验得出土是最先参加工作并持续到极限荷载，M 桩与计算承载力接近，而 C 桩则是欠发挥。这对于整体复合地基是增加了安全度的。

所以对于刚性基础，η_c 取 $0.9\sim1.0$，η_m 取 $0.95\sim1.0$，η_s 取不小于 1.0。

对于道路、路堤、柔性基础，η_c 取 0.7，η_m 取 0.9，η_s 取 1.0。

考虑到地基处理后，上部结构施工有一个过程，应考虑荷载增长和土体强度恢复的快慢来确定 f_{sk}。

考虑到桩间土的应力状态以及试验测试土的 f_{sk} 可以有提高，对可挤密的一般黏性土，f_{sk} 可取 $1.1\sim1.2$ 倍天然地基承载力特征值，即 $f_{sk}=(1.1\sim1.2)f_{ak}$，塑性指数小、孔隙比大时取高值。

对不可挤密土，若施工速度慢，可取 $f_{sk}=f_{ak}$；对不可挤密土，若施工速度快，宜通过现场试验确定 f_{sk}；对挤密效果好的土，由于承载力提高幅值的挤密分量较大，宜通过现场试验确定 f_{sk}。

另外，亚刚性桩 M 桩的介入改变了刚性桩及亚刚性桩复合地基应力场，使桩间土体处于有利的三向应力状态，使得桩间土的工作状态改善，因此 η_s 可取 $1.1\sim1.2$。M 桩桩长范围内的土质好时取高值，反之取低值。图 5-5 所示清楚地显示出同等条件下，CM 复合地基比起刚性桩复合地基更能发挥桩间土的应力。

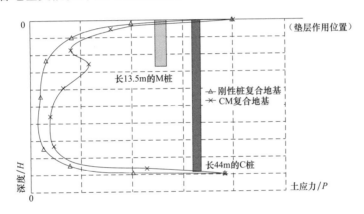

图 5-5　CM 复合地基和刚性桩复合地基土应力沿深度分布示意图

5.3　设计中需要注意的问题

（1）CM 桩复合地基设计完成后，宜按建筑物地基基础设计等级和场地复杂程度，在有代表性的场地上进行现场试验或试验性施工，并进行必要的测试，以检验设计参数和处理效果。若达不到设计要求，则应查明原因，修改设计参数，完善设计。

（2）CM 桩复合地基处理后的地基变形不应大于现行国家标准《建筑地基基础设计规范》（GB 50007）规定的"建筑物的地基变形允许沉降量"。

（3）按现行国家标准《建筑地基基础设计规范》（GB 50007）规定需要进行地基变形计算的建筑物或构筑物，经 CM 桩复合地基处理后，应进行沉降观测，直至沉降稳定为止。

（4）按现行国家标准《建筑地基基础设计规范》（GB 50007）规定，应进行地基变形计算的建筑物或构筑物，应对处理后的 CM 桩复合地基进行变形验算。

（5）对于受较大水平荷载作用或位于斜坡上的建筑物和构筑物，当建造在处理后的 CM 桩复合地基上时，应进行地基稳定性验算。

（6）在进行"CM 桩三维高强复合地基"设计时，基础传至复合地基顶面的荷载效应取正常使用极限状态下荷载效应的标准组合。

（7）按《建筑桩基技术规程》（JGJ 94—2008）设计的 CM 桩复合地基，可按 CM 桩复合地基承载力特征值确定基础底面积及埋深，需要对 CM 桩复合地基承载力特征值进行修正时，应符合以下规定。

1）基础宽度的地基承载力修正系数应取 0.0。

2）基础埋深的地基承载力修正系数应取 1.0。

（8）桩下端位于中微风化层时，复合地基的工作对褥垫层以刺入为主，对较软土层垫层厚度宜加大。

（9）对于高层建筑桩筏、桩箱基础，按传统设计理念是只重视满足总体承载力和沉降要求，忽略上部结构、承台、桩、土的相互作用共同工作特性，采用均匀布桩，甚至对边角桩实施加强，由此导致基础沉降呈蝶形分布，反力呈马鞍形分布，主裙差异变形显著，基础整体弯矩和核心区冲切力过大，即使基础板配筋较多，但有的基础板和上部结构仍有裂缝出现乃至影响正常使用。

变刚度调平设计的基本内涵是：考虑框筒、框剪结构的荷载与刚度分布特点和相互作用引起的应力场不均，实施变刚度布桩（视地质条件实施，变桩长、桩径、桩距）强化核心区，弱化核心区外围；对于刚度相对弱化区考虑桩土共同分担荷载。

建筑物的沉降及沉降差是复合地基设计中的主要考虑因素。大量工程事故证明，由于地基处理不当导致的工程事故，其直接原因就是沉降过大或沉降差超过规范规定的允许值。主要措施有：①选择好 C 桩的持力层或者选择合适的桩长；②高层建筑往往核心筒部分荷载大、刚度大，而外框梁柱则相对荷载小、刚度小，在核心筒位置宜适当加强；③筒仓、长条形状建筑中部应力大，变形也较大，中部宜适当加强；④对上部结构退层荷载分布差异大的范围，可以设计成不同强度的复合地基；⑤对荷载差异很大的高层建筑主楼与裙楼之间除考虑不同强度设计外，还需在荷载陡变的基础设置后浇带或施工缝。后浇带、施工缝浇筑时间宜晚不宜早，施工中应对变形进行计算。

（10）CM 复合地基 C 桩的强度至关重要，若 C 桩一旦被压碎，丧失承载力，则复合地基势必破坏，建筑物也将破坏或失稳，因此 C 桩的材料强度要符合《建筑地基处理技术规范》（JGJ 79—2012）的要求。

（11）当前复合地基的变形计算理论正处于不断发展和完善的过程中，还无法精确地计算应力场而为地基变形计算提供更合理的模式，特别是土层取样试验误差及加固土层模量合理取用的局限，难以提供精确的结果。据工程实践，《建筑地基处理技术规范》（JGJ 97）及"原位载荷板试验的切线模量法"计算的沉降跟实测的较为接近，其他常用方法计算的沉降跟实测的偏差较大。广东地区用几种常用计算方法计算沉降值与实测值的比较见表 5-3。

鉴于目前工程实测结果比此法计算值要小，因此可以在变形计算时加入变形经验系数 Ψ_s，对不同地区可根据沉降观测资料及经验确定，也可以按《建筑地基基础设计规范》

（GB 50007）表 5.2.5 中的基底附加压力 $P \leqslant 0.75 f_{ak}$ 的一栏确定。

表 5-3　　　　　　　　　　　　　**各种计算方法沉降计算结果比较**

方法 实测	复合 模量法	倍数提高模量后 的分层总和法	$s = \max \{s_s, s_p\}$	$s = \alpha \dfrac{p_0 b}{E_0}$	原位载荷板试验 的切线模量法	备注
观测 沉降		《建筑地基处理 技术规范》（JGJ 79）	《建筑地基处理 技术规范》 （DBJ 15-38—2005） 第 11.2.9 条	《建筑地基基础 设计规范》 （DBJ 15-31） 第 6.3.5 条第 2 点		
(mm)	(mm)	(mm)	(mm)	(mm)	(mm)	
7.4~7.7	1.59	7.6	15.91	15.6	7.1	观测工区 1
7.06	0.66	10.59	13.86	14.1	6.08	观测工区 2

第六章
CM桩复合地基施工及质量检测

CM桩复合地基是由刚性C桩（素混凝土桩、粉煤灰混凝土桩、沉管灌注桩、钻空灌注桩、预制混凝土桩、预应力混凝土桩等）、亚刚性M桩（水泥土桩、水泥砂浆桩、低标号混凝土桩等）、天然地基土和褥垫层四部分共同组成的。本章主要介绍CM桩复合地基及其各部分的施工工艺以及其质量控制标准。

6.1 刚性长桩的施工

刚性桩可按照设计采用振动沉管灌注桩、长螺旋钻孔灌注桩、预应力管桩以及其他设计选用的特殊刚性桩进行施工。每种桩施工的特性不同，其适用的范围也不同。

```
原地面处理
   ↓
测量放线
   ↓
钻机就位
   ↓
试桩
   ↓
成孔
   ↓
成孔检查
   ↓
浇注混凝土
   ↓
桩基验收
   ↓
桩帽施工
```

图 6-1　素混凝土桩的施工工艺流程

6.1.1 素混凝土桩的施工

1. 工艺流程图

工艺流程如图 6-1 所示。

2. 施工工艺

开工前完成施工现场的"三通一平"工作，测量及配合比资料经监理签认批复，人员、机械已进场，原材料检验合格；泥浆池及渣土临时堆放场地布设完成。

（1）测量放样。用全站仪放样处桩中心，并在四周埋设护桩。

（2）埋设护筒。埋设护筒的坑应人工完成，检查偏位，最大偏差不得大于 5cm。护筒定位后，由引桩拉线将桩稳到护筒上，并用红漆作明显标记，以便检测钻头的对中情况。

（3）泥浆的制备。泥浆选用现有黏土制浆，按一定比例配制后在泥浆池中拌制，泥浆循环使用，废弃泥浆沉淀后运至指定的位置。

（4）钻机就位。钻机置于坚硬、平稳的位置上，必要时加垫枕木。钻头对中后徐徐进入护筒内，等泥浆输入孔内一定数量后，开始钻孔。

（5）开钻、钻孔。钻进过程中要确保泥浆水头高度和泥浆比重。钻进2～3m检查孔径，竖直度。在钻孔过程中，随时注意土质的变化、取样与设计地质资料核对，做好各种记录；对钻渣取样进行分析，核对地质资料，根据地质变化，确定泥浆指标和钻进速度。在整个钻孔过程中严格控制其垂直度，倾斜度不得大于1/100。

（6）下探孔器。成孔后下探孔器和测绳，检查孔深是否钻到孔深、孔径，垂直度是否满足设计要求。若探孔器不能下到孔底，则要进行扩孔，直到满足要求为止。

（7）清孔及终孔检验。钻孔深度达到设计标高后，应对孔径进行检查，符合要求后清孔。清孔方法应根据设计要求、钻孔方法、机具设备条件和地层情况决定。清孔后进行泥浆性能检测，符合规范要求后，报送监理审查，合格后立即放下导管。

（8）导管的安装。导管安装前作沁水试验，吊放导管要顺直、居中，导管底距离孔底控制在0.4～0.6m。

（9）二次清孔。导管下完，重新检查孔深、孔内沉淀层的厚度、泥浆比重等各项指标。若不合格，在灌注混凝土前要进行二次清孔，清孔采用循环法。

（10）灌注水下混凝土。导管由吊车提升，罐车直接向导管内注入混凝土。混凝土灌注分两个阶段：首先是剪球和混凝土的首批灌注；其次是混凝土的连续灌注。

（11）预埋钢筋。灌注混凝土完成后在桩顶预埋钢筋，使桩帽相连。

（12）钻机移位。在本桩施工完成后，按照施工顺序将钻机移到下一个桩位施工。

（13）桩帽施工。桩基施工完毕，开挖桩帽基槽前，先测量每根桩的桩顶标高，确定下挖深度，采用机械加人工的方式进行桩周围土的挖除，开挖严格按照桩帽的尺寸进行，并清理杂物，放好预先绑扎的钢筋，验收合格后浇注混凝土并洒水养护。

6.1.2　预制混凝土桩的施工

1. 施工工艺流程

施工工艺流程如图6-2所示。

2. 施工工艺

（1）制作程序。现场制作场地压实、整平→场地地坪作三七灰土或浇筑混凝土→支模→绑扎钢筋骨架、安设吊环→浇筑混凝土→养护至30%强度拆模→支间隔端头模板、刷隔离剂、绑钢筋→浇筑间隔桩混凝土→同法间隔重叠制作第二层桩→养护至70%强度起吊→达100%强度后运输、堆放。

（2）起吊、运输和堆放。当桩的混凝土达到设计强度标准值的70%后方可起吊，吊点应系于设计规定之处，如无吊环，则可按图6-3所示位置设置吊点起吊。在吊索与桩间应加衬垫，起吊应平稳提升，采取措施保护桩身质量，防止撞击和受到振动。

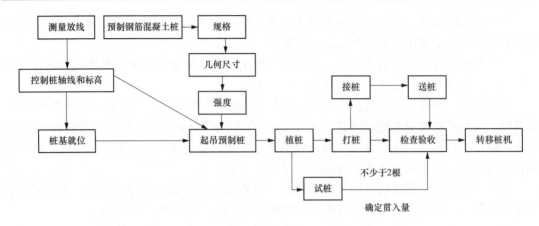

图 6-2　预制混凝土桩的施工工艺流程图

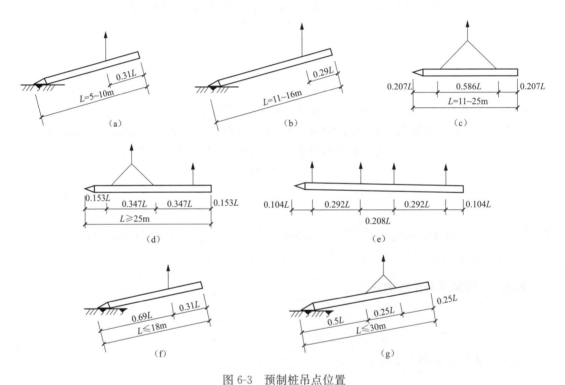

图 6-3　预制桩吊点位置

(a)、(b) 一点吊法；(c) 二点吊法；(d) 三点吊法；(e) 四点吊法；

(f) 预应力管桩一点吊法；(g) 预应力管桩两点吊法

　　桩运输时的强度应达到设计强度标准值的 100%。长桩运输可采用平板拖车、平台挂车或汽车后挂小炮车运输；短桩运输亦可采用载重汽车，现场运距较近，亦可采用轻轨平板车运输。装载时桩支承应按设计吊钩位置或接近设计吊钩位置叠放平稳并垫实，支撑或绑扎牢固，以防运输中晃动或滑动；长桩采用挂车或炮车运输时，桩不宜设活动支座，行车应平稳，并掌握好行驶速度，防止任何碰撞和冲击。严禁在现场以直接拖拉桩体方式代替装车运输。

堆放场地应平整坚实，排水良好。桩应按规格、桩号分层叠置，支承点应设在吊点或近旁处并保持在同一横断平面上，各层垫木应上下对齐，并支承平稳，堆放层数不宜超过4层。运到打桩位置堆放，应布置在打桩架附设的起重钩工作半径范围内，并考虑到起吊方向，避免转向。

（3）打（沉）桩程序。

1）根据地基土质情况、桩基平面布置、桩的尺寸、密集程度、深度，桩移动方便以及施工现场实际情况等因素确定，图6-4（a)～(d)为几种打桩顺序对土体的挤密情况。当基坑不大时，打桩应逐排打设或从中间开始分头向周边或两边进行。

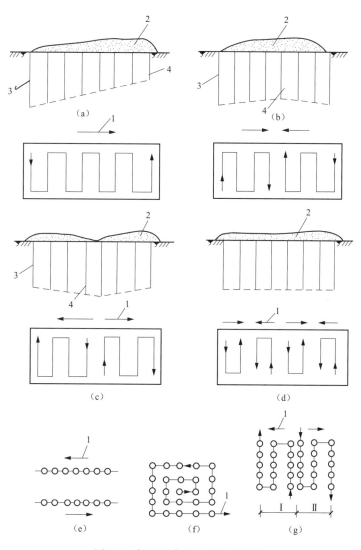

图6-4　打桩顺序和土体挤密情况

（a）逐排单向打设；（b）两侧向中心打设；（c）中部向两侧打设；

（d）分段相对打设；（e）逐排打设；（f）自中部向边沿打设；（g）分段打设

1—打设方向；2—土的挤密情况；3—沉降量大；4—沉降量小

71

对于密集群桩，自中间向两个方向或向四周对称施打；当一侧毗邻建筑物时，由毗邻建筑物处向另一方向施打。当基坑较大时，应将基坑分为数段，而后在各段范围内分别进行［图6-4（e）～（g）］，但打桩应避免自外向内，或从周边向中间进行，以避免中间土体被挤密，桩难以打入，或虽勉强打入，但使邻桩侧移或上冒。

2）对基础标高不一的桩，宜先深后浅；对不同规格的桩，宜先大后小，先长后短，可使土层挤密均匀，以防止位移或偏斜；在粉质黏土及黏土地区，应避免按着一个方向进行，使土体一边挤压，造成入土深度不一，土体挤密程度不均，导致不均匀沉降。若桩距大于或等于4倍桩直径，则与打桩顺序无关。

（4）吊桩定位。打桩前，按设计要求进行桩定位放线，确定桩位，每根桩中心钉一小桩，并设置油漆标志；桩的吊立定位，一般利用桩架附设的起重钩借桩机上卷扬机吊桩就位，或配一台履带式起重机送桩就位，并用桩架上夹具或落下桩锤借桩帽固定位置。

（5）打（沉）桩方法。

1）打桩方法有锤击法、振动法及静力压桩法等，以锤击法应用最为普遍。打桩时，应用导板夹具或桩箍将桩嵌固在桩架两导柱中，桩位置及垂直度经校正后，开始可将锤连同桩帽压在桩顶，开始沉桩。桩锤、桩帽与桩身中心线要一致，桩顶不平时，应用厚纸板垫平或用环氧树脂砂浆补抹平整。

2）开始沉桩应起锤轻压并轻击数锤，观察桩身、桩架、桩锤等垂直一致，使可转入正常。桩插入时的垂直度偏差不得超过0.5％。

3）打桩应用适合桩头尺寸的桩帽和弹性垫层，以缓和打桩的冲击。桩帽用钢板制成，并用硬木或绳垫承托。落锤或打桩机垫木亦可用"尼龙6"浇铸件（规格 $\phi260mm\times170mm$，重10kg），既经济又耐用，一个尼龙桩垫可打600根桩而不损坏。桩帽与桩周围的间隙应为5～10mm。桩帽与桩接触表面须平整，桩锤、桩帽与桩身应在同一直线上，以免沉桩产生偏移。桩锤本身带帽者，则只在桩顶护以绳垫、尼龙垫或木块。

4）当桩顶标高较低，须送桩入土时，应用钢制送桩（图6-5）放于桩头上，锤击送桩，将桩送入土中。

振动沉桩与锤击沉桩法基本相同，是用振动箱代替桩锤，将桩头套入振动箱连固的桩帽上或用液压夹桩器夹紧，便可按照锤击法启动振动箱进行沉桩至设计要求的深度。

（6）接桩形式和方法。混凝土预制长桩，受运输条件和打（沉）桩架高度限制，一般分成数节制作，分节打入，在现场接桩。常用接头方式有焊接、法兰接及硫黄胶泥锚接等几种（见图6-6）。前两种可用于各类土层；硫黄胶泥锚接适用于软土层。焊接接桩，钢板宜用低碳钢，焊条宜用E43，焊接时应先将四角点焊固定，然后对称焊接，并确保焊缝质量和设计尺寸。法兰接桩，钢板和螺栓亦宜用低碳钢并紧固牢靠；硫黄胶泥锚接桩，使用的硫黄胶泥配合比应通过试验

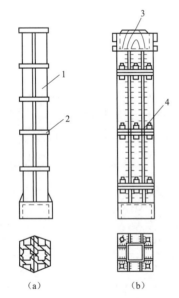

图6-5　钢送桩构造

（a）钢轨送桩；（a）钢板送桩

1—钢轨；2—15mm厚钢板箍；

3—硬木垫；4—连接螺栓

确定，其物理力学性能应符合表 6-1 的要求。其施工参考配合比见表 6-2。硫黄胶泥锚接方法是将熔化的硫黄胶泥注满锚筋孔内并溢出桩面，然后迅速将上段桩对准落下，胶泥冷硬后，即可继续施打，这种方法比前几种接头形式接桩简便快速。锚接时应注意下列几点：①锚筋应刷清并调直；②锚筋孔内应有完好螺纹，无积水、杂物和油污；③接桩时接点的平面和锚筋孔内应灌满胶泥；灌筑时间不得超过 2min；④灌注后停歇时间应满足表 6-3 的要求；⑤胶泥试块每班不得少于一组。

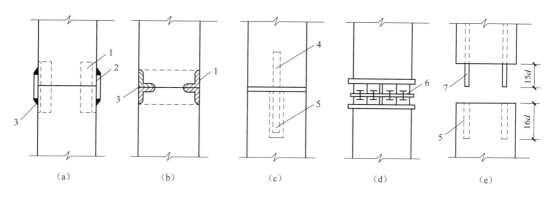

图 6-6　桩的接头形式

（a）、（b）焊接接合；（c）管式接合；（d）管桩螺栓接合；（e）硫黄砂浆锚筋接合

1—角钢与主筋焊接；2—钢板；3—焊缝；4—预埋钢管；5—浆锚孔；6—预埋法兰；7—预埋锚筋；d—锚栓直径

表 6-1　　　　　　　　　　　　硫黄胶泥的主要物理力学性能指标

项次	项目	物理力学性能指标
1	物理性能	（1）热变性：60℃以内强度无明显变化；120℃变液态；140～145℃密度最大且和易性最好；170℃开始沸腾；超过 180℃开始焦化，且遇明火即燃烧。 （2）密度：2.28～3.32t/m³。 （3）吸水率：0.12%～0.24%。 （4）弹性模量：5×10^5 kPa。 （5）耐酸性：常温下能耐盐酸、硫酸、磷酸、40%以下的硝酸、25%以下铬酸、中等浓度乳酸和醋酸
2	力学性能	（1）抗拉强度：4MPa。 （2）抗压强度：40MPa。 （3）握裹强度：与螺纹钢筋为 11MPa；与螺纹孔混凝土为 4MPa。 （4）疲劳强度：对照混凝土的试验方法，当疲劳应力比值 p 为 0.38 时，疲劳修正系数>0.8

表 6-2　　　　　　　　　　　　硫黄胶泥的配合比及物理力学性能

配合比（重量比）	硫黄	44	60
	水泥	11	—
	石墨粉	—	5
	粉砂	40	—
	石英砂	—	34.3
	聚硫胶	1	—
	聚硫甲胶	—	0.7

续表

物理力学性能	密度（kg/m³）		2280～2320
	吸水率（％）		0.12～0.24
	弹性模量（MPa）		5×10⁴
	抗拉强度（MPa）		4
	抗压强度（MPa）		40
	抗折强度（MPa）		10
	握裹强度（MPa）	与螺纹钢筋	11
		与螺纹孔混凝土	4

注：1. 热变性：在60℃以下不影响强度；热稳定性：92％。
　　2. 疲劳强度：取疲劳应力0.38经200万次损失20％。

表 6-3　　　　　　　　　　　硫黄胶泥灌筑后的停歇时间

项次	桩截面（mm）	0～10℃		11～20℃		21～30℃		31～40℃		41～50℃	
		打桩	压桩	打桩	压桩	打桩	压桩	打桩	压桩	打桩	压桩
1	400×400	6	4	8	5	10	7	13	9	17	12
2	450×450	10	6	12	7	14	9	17	11	21	14
3	500×500	13	—	15	—	18	—	21	—	24	—

不同气温下的停歇时间（min）

（7）打（沉）桩的质量控制。

1）桩端（指桩的全截面）位于一般土层时，以控制桩端设计标高为主，贯入度可做参考。

2）桩端达到坚硬、硬塑的黏性土，中密以上粉土、砂土、碎石类土、风化岩时，以贯入度控制为主，桩端标高可做参考。

3）当贯入度已达到，而桩端标高未达到时，应继续锤击三阵，按每阵十击的贯入度不大于设计规定的数值加以确认。

4）振动法沉桩是以振动箱代替桩锤，其质量控制是以最后3次振动（加压），每次10min或5min，测出每分钟的平均贯入度，以不大于设计规定的数值为合格，而摩擦桩则以沉到设计要求的深度为合格。

6.1.3　灌注桩的施工

1. 沉管灌注桩

沉管灌注桩施工工艺属于非排土成桩工艺，主要适用于黏性土、粉土、淤泥和淤泥质土、人工填土及松散砂土等地质条件，尤其适用于松散的粉土、粉细砂、无密实厚砂层地基的加固。它具有施工操作简便、施工费用较低、对桩间土的挤密效应显著等优点。采用振动沉管灌注桩施工工艺施工的刚性长桩可以提高地基承载力、减小地基变形以及消除地基液化。它主要应用于挤密效果好的土和可液化土的地基加固工程，以及空旷地区或施工场地周围没有管线、精密设备和不存在扰民的地基处理工程。

（1）工艺流程。沉管灌注桩的工艺流程如图6-7所示。

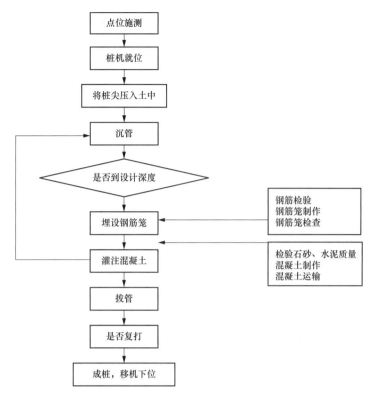

图 6-7　沉管灌注桩的施工工艺流程

（2）施工工艺。

1）打沉桩机就位时，应垂直、平稳架设在打（沉）桩部位，桩锤（振动箱）应对工程桩位。同时，在桩架或套管上标出控制深度标记，以便在施工中进行套管深度观测。

2）采用活瓣式桩尖时，应先将桩尖活瓣用麻绳或铁丝捆紧合拢，活瓣间隙应紧密。当桩尖对准桩基中心，并核查高速套管垂直度后，利用锤击及套管自重将桩尖压入土中。

3）采用预制混凝土桩尖时，应先在桩基中心预埋好桩尖，在套管下端与桩尖接触处垫好缓冲材料。桩机就位后，吊起套管，对准桩尖，使套管、桩尖、桩锤在一条垂直线上，利用锤重及套管自重将桩尖压入土中。

4）成桩施工顺序一般从中间开始，向两侧边或四周进行，对于群桩基础或桩的中心距小于或等于 $3.5d$（d 为桩径）时，应间隔施打，中间空出的桩，须待邻桩混凝土达到设计强度的 50% 后，方可进行施打。

5）开始沉管时应轻击慢振。锤击沉管时，可用收紧钢绳加压或加配重的方法提高沉管速率。当水或泥浆有可能进入桩管时，应事先在管内灌入 1.5m 左右的封底混凝土。

6）应按设计要求和试桩情况，严格控制沉管最后贯入度。锤击沉管应测量最后二阵十击贯入度；振动沉管应测量最后两个 2min 的贯入度。

7）在沉管过程中，如出现套管快速下沉或套管沉不下去的情况，应及时分析原因，进行处理。如快速下沉是因桩尖穿过硬土层进入软土层引起的，则应继续沉管作业。如沉不下去是因桩尖顶住孤石或遇到硬土层引起的，则应放慢沉管速度（轻锤低击或慢振），待越过障碍后再正常沉管。如仍沉不下去或沉管过深，最后贯入度不能满足设计要求，则应核对地质资料，会同建设单位研究处理。

8）钢筋笼的吊放。长的钢筋笼在成孔完成后埋设，短钢筋笼可在混凝土灌至设计标高时再埋设，埋设钢筋笼时要对准管孔，垂直缓慢下降。在混凝土桩顶采取构造连接插筋时，必须沿周围对称均匀垂直插入。

9）每次向套管内灌注混凝土时，如用长套管成孔短桩，则一次灌足，如成孔长桩，则第一次应尽量灌满。混凝土坍落度宜为6~8cm，配筋混凝土坍落度宜为8~10cm。

10）灌注时充盈系数（实际灌注混凝土量与理论计算量之比）应不小于1。一般土质为1.1；软土为1.2~1.3。在施工中可根据不同土质的充盈系数，计算出单桩混凝土需用量，折算成料斗浇灌次数，以核对混凝土实际灌注量。当充盈系数小于1时，应采用全桩复打；对于断桩及缩颈桩可局部复打，即复打断桩或缩颈桩1m以上。

11）桩顶混凝土一般宜高出设计标高200mm左右，待以后施工承台时再凿除。如设计有规定，则应按设计要求施工。

12）每次拔管高度应以能容纳吊斗一次所灌注混凝土为限，并边拔边灌。在任何情况下，套管内应保持不少于2m高度的混凝土，并按沉管方法不同分别采取不同的方法进行拔管。在拔管过程中，应有专人用测锤或浮标检查管内混凝土的下降情况，一次不应拔得过高。

13）锤击沉管拔管方法是：套管内灌入混凝土后，拔管速度均匀，对一般土层不宜大于1m/min；对软弱土层及软硬土层交界处不宜大于0.8m/min。采用倒打拔管的打击次数，单动汽锤不得少于70次/min；自由落锤轻击（小落距锤击）不得少于50次/min。在管底未拔到桩顶设计标高之前，倒打或轻击不得中断。

14）振动沉管拔管方法可以根据地基土具体情况，分别选用单打法或反插法进行。单打法：适用于含水量较小土层，系在套管内灌入混凝土后，再振再拔，如此反复，直至套管全部拔出。在一般土层中拔管速度宜为1.2~1.5m/min，在软弱土层中不宜大于0.8~1.0m/min。反插法：适用于饱和土层，当套管内灌入混凝土后，先振动再开始拔管，每次拔管高度为0.5~1m，反插深度0.3~0.5m，同时不宜大于活瓣桩尖长度的2/3。拔管过程应分段添加混凝土，保持管内混凝土面始终不低于地表面，或高于地下水位1~1.5m以上。拔管速度控制在0.5m/min以内。在桩尖接近持力层处约1.5m范围内，宜多次反插，以扩大桩底端部面积。当穿过淤泥夹层时，适当放慢拔管速度，减少拔管和反插深度。反插法易使泥浆混入桩内造成夹泥桩，施工中应慎重采用。

15）套管成孔灌注桩施工时，要随时观测桩顶和地面有无水平位移及隆起，必要时应采取措施进行处理。

16）桩身混凝土浇注后有必要复打时，必须在原桩混凝土未初凝前在原桩位上重新安装桩尖，第二次沉管。沉管后每次灌注混凝土应达到自然地面高，不得小灌。拔管过程中应及时清除桩管外壁和地面上的污泥。前后两次沉管的轴线必须重合。

2. 钻孔灌注桩

（1）工艺流程。

钻孔灌注桩的工艺流程如图 6-8 所示。

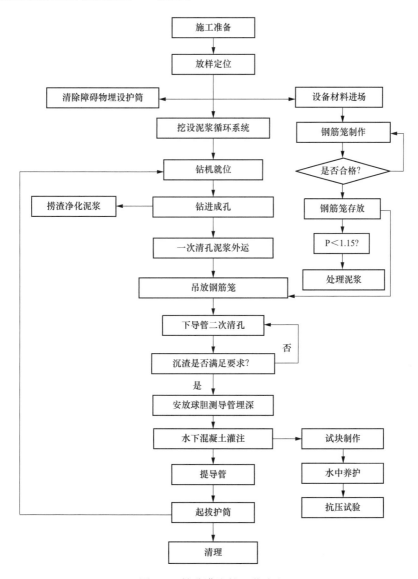

图 6-8　钻孔灌注桩工艺流程

（2）施工工艺。

1）施工准备。施工准备包括选择钻机、钻具、场地布置等。钻机是钻孔灌注桩施工的主要设备，可以根据地质情况和各种钻孔机的应用条件来选择。

2）钻孔机的安装与定位。安装钻孔机的基础如果不稳定，则施工中易产生钻孔机倾斜、桩倾斜和桩偏心等不良影响，因此要求安装地基稳固。对地层较软和有坡度的地基，可用推土机推平，再垫上钢板或枕木加固。

为防止桩位不准，施工中很重要的是定好中心位置和正确的安装钻孔机，对有钻塔的钻孔机，先利用钻机的动力与附近的地笼配合，将钻杆移动大致定位，再用千斤顶将机架顶起，准确定位，使起重滑轮、钻头或固定钻杆的卡孔与护筒中心在一垂线上，以保证钻机的垂直度。钻机位置的偏差不大于2cm。对准桩位后，用枕木垫平钻机横梁，并在塔顶对称于钻机轴线上拉上缆风绳。

3）埋设护筒。钻孔成败的关键是防止孔壁坍塌。当钻孔较深时，在地下水位以下的孔壁土在静水压力下会向孔内坍塌、甚至发生流砂现象。钻孔内若能保持壁地下水位高的水头，增加孔内静水压力，能为孔壁、防止坍孔。护筒除起到这个作用外，同时还有隔离地表水、保护孔口地面、固定桩孔位置和钻头导向作用等。制作护筒的材料有木、钢、钢筋混凝土三种。护筒要求坚固耐用，不漏水，其内径应比钻孔直径大（旋转钻约大20cm，潜水钻、冲击或冲抓钻约大40cm），每节长度约2～3m。一般常用钢护筒。

4）泥浆制备。钻孔泥浆由水、黏土（膨润土）和添加剂组成，具有浮悬钻渣、冷却钻头、润滑钻具，增大静水压力，并在孔壁形成泥皮，隔断孔内外渗流，防止坍孔的作用。调制的钻孔泥浆及经过循环净化的泥浆，应根据钻孔方法和地层情况来确定泥浆稠度。泥浆稠度应视地层变化或操作要求机动掌握：泥浆太稀，排渣能力小，护壁效果差；泥浆太稠，会削弱钻头冲击功能，降低钻进速度。

5）钻孔。钻孔是一道关键工序，在施工中必须严格按照操作要求进行，才能保证成孔质量。首先要注意开孔质量，为此必须对好中线及垂直度，并压好护筒。在施工中要注意不断添加泥浆和抽渣（冲击式用），还要随时检查成孔是否有偏斜现象。采用冲击式或冲抓式钻机施工时，附近土层因受到震动而影响邻孔的稳固。所以钻好的孔应及时清孔，下放钢筋笼和灌注水下混凝土。钻孔的顺序也应事先规划好，既要保证下一个桩孔的施工不影响上一个桩孔，又要使钻机的移动距离不要过远和相互干扰。

6）清孔。钻孔的深度、直径、位置和孔形直接关系到成装置量与桩身曲直。为此，除了在钻孔过程中密切观测监督外，在钻孔达到设计要求深度后，还应对孔深、孔位、孔形、孔径等进行检查。在终孔检查完全符合设计要求时，应立即进行孔底清理，避免隔时过长以致泥浆沉淀，引起钻孔坍塌。对于摩擦桩，当孔壁容易坍塌时，要求在灌注水下混凝土前沉渣厚度不大于30cm；当孔壁不易坍塌时，不大于20cm。对于柱桩，要求在射水或射风前，沉渣厚度不大于5cm。清孔方法视使用的钻机不同而灵活应用，通常可采用正循环旋转钻机、反循环旋转机真空吸泥机以及抽渣筒等清孔。其中用吸泥机清孔，所需设备不多，操作方便，清孔也较彻底，但在不稳定土层中应慎重使用，其原理就是用压缩机产生的高压空气吹入吸泥机管道内将泥渣吹出。

7）灌注水下混凝土。清完孔之后，就可将预制的钢筋笼垂直吊放到孔内，定位后要加以固定，然后用导管灌注混凝土，灌注时混凝土不要中断，否则易出现断桩现象。

3. 长螺旋钻孔灌注桩

（1）工艺流程。

1）成孔工艺流程。钻孔机就位→钻孔→检查成孔质量→孔底清理→盖好孔口盖板→移钻机至下一桩位。

2）浇筑混凝土工艺流程。移走盖板复测孔深、垂直度→放钢筋笼→放混凝土溜洞→浇灌混凝土（随浇随振）

（2）施工工艺。

1）钻孔机就位。钻孔机就位时，必须保持平稳，不发生倾斜、移位。为准确控制钻孔深度，应在机架上或机管上做出控制的标尺，以便在施工中进行观测、记录。

2）钻孔。调直机架挺杆，对好桩位（用对位圈），合理选择和调整钻进参数，以电流表控制进尺速度，开动机器钻进、出土，达到设计深度后使钻具在孔内空转数圈，清除虚土，然后停钻、提钻。

3）检查成孔质量。

a. 钻深测定。用测深绳（锤）或手提灯测量孔深、垂直度及虚土厚度。虚土厚度等于测量深度与钻孔深的差值，虚土厚度一般不应超过10cm。

b. 孔径控制。钻进遇有含石块较多的土层或含水量较大的软塑黏土层时，必须防止钻杆晃动引起孔径扩大，致使孔壁附着扰动土和使孔底增加回落土。

3）孔底土清理。钻到设计标高（深度）后，必须在深处进行空转清土，然后停止转动，提钻杆，不得回转钻杆。孔底的虚土厚度超过质量标准时，要分析原因，采取处理措施。进钻过程中散落在地面上的土，必须随时清除运走。

4）盖好孔口盖板。经过成孔质量检查后，应按表逐项填好桩孔施工记录，然后盖好孔口盖板。

5）移动钻机到下一桩位。移走钻孔机到下一桩位，禁止在盖板上行车走人。

6）移走盖板复测孔深、垂直度。移走盖孔盖板，再次复查孔深、孔径、孔壁、垂直度及孔底虚土厚度。

7）吊放钢筋笼。钢筋笼上必须先绑好砂浆垫块（或卡好塑料卡）；钢筋笼起吊时不得在地上拖拽，吊入钢筋笼时，要吊直扶稳，对准孔位，缓慢下沉，避免碰撞孔壁。钢筋笼放到设计位置时，应立即固定。两段钢筋笼连接时，应采取焊接方式，以确保钢筋的位置正确，保证层符合要求。浇灌混凝土前应再次检查测量孔内虚土厚度。

8）放混凝土溜筒（导管）。浇筑混凝土必须使用导管。导管内径200～300mm，每节长度为2～2.5m，最下端一节导管长度应为4～6m，检查合格后方可使用。

9）浇灌混凝土。放好混凝土溜筒，浇灌混凝土，注意落差不得大于2m，应边浇灌混凝土边分层振捣密实，分层高度按捣固的工具而定，一般不得大于1.5m。

浇灌桩顶以下5m范围内的混凝土时，每次浇筑高度不得大于1.5m。

灌注混凝土至桩顶时，应适当超过桩顶设计标高500mm以上，以保证在凿除浮浆后，桩标高能符合设计要求。拔出混凝土溜筒时，钢筋要保持垂直，保证有足够的保护层，防止插斜、插偏。灌注桩施工按规范要求留置试块，每桩不得少于一组。

10）混凝土浇筑到桩顶时，应适当超过桩顶设计标高，以保证在凿除浮浆后，桩顶标高符合设计要求。

6.2 亚刚性短桩的施工

6.2.1 水泥土桩的施工

1. 工艺流程

施工工艺流程主要总结为：①场地平整→②布置桩位→③搅拌机械就位→④沉入到设计要求深度→⑤喷浆（粉）搅拌提升→⑥原位重复搅拌下沉→⑦重复搅拌提升→⑧搅拌完毕形成加固体→⑨重复④～⑧步骤，进行下一根桩的施工。由于搅拌桩顶部与上部结构的基础（或承台）接触受力较大，因此通常还可以对桩顶 1.0～1.5m 范围内再增加一次喷浆（粉），以提高其强度。

2. 施工工艺

水泥土搅拌法主要有两种类型的施工方法，即湿法（水泥浆喷射搅拌法）和干法（水泥粉喷射搅拌法）。目前，水泥浆喷射搅拌的施工机械种类繁多，有陆上和水上施工机械之分。按机械传动方式可分为转盘式和动力头式；按喷射方式又有中心管喷浆和叶片喷浆方式等。施工机械有单搅拌轴和双搅拌轴两种。双搅拌轴施工时将深层搅拌机用钢丝吊挂在起重机上，用输浆胶管将贮料罐砂浆泵同深层搅拌机接通，开动电动机，搅拌机叶片相向而转，借设备自重，以 0.38～0.75m/min 速度沉至要求加固深度；再以 0.3～0.5m/min 的均匀速度提起搅拌机，与此同时开动砂浆泵，将砂浆从搅拌机中心管不断压入土中，由搅拌叶片将水泥浆与深层处的软土搅拌，边搅拌边喷浆直至提出地面，即完成一次搅拌过程。用同样方法再一次重复搅拌下沉和重复搅拌喷浆上升，即完成一根柱状加固体，外形呈"8"形，一根接一根搭接，即成壁状加固体，几个壁状加固体连成一片，即成块体。

水泥粉喷射搅拌法施工机械有单搅拌轴和双搅拌轴两种。该工艺利用压缩空气通过固化材料供给机的特殊装置，携带着粉体固化材料，经过高压软管和搅拌轴输送到搅拌叶片的喷嘴喷出，借助搅拌叶片旋转，在叶片的背面产生空隙，安装在叶片背面的喷嘴将压缩空气连同粉体固化材料一起喷出，喷出的混合气体在空隙中压力急剧降低，促使固化材料就地黏附在旋转产生空隙的土中，旋转到半周，另一搅拌叶片把土与粉体固化材料搅拌混合在一起，与此同时，这只叶片背后的喷嘴将混合气体喷出，这样周而复始地搅拌、喷射、提升，于是在土体内就形成一个圆形的水泥土柱体，而与水泥材料分离出的空气通过搅拌轴周围的空隙传递到搅拌轴的周围，上升到地面释放。

6.2.2 水泥砂浆桩的施工

1. 工艺流程

水泥砂浆桩的施工工艺流程如图 6-9 所示。

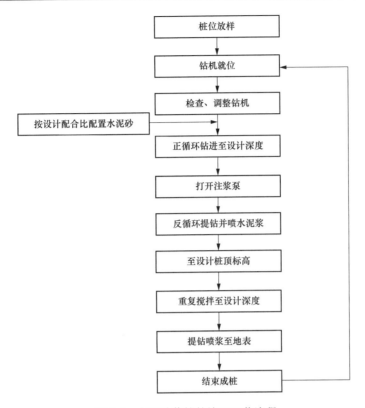

图 6-9　水泥砂浆桩的施工工艺流程

2. 施工工艺

如图 6-10 所示，多向多轴搅拌水泥砂浆桩进入已整平的场地和测放了桩位的地段准备施钻，施钻程序如下。

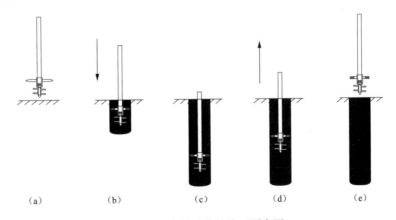

（a）　　　（b）　　　（c）　　　（d）　　　（e）

图 6-10　水泥砂浆桩施工顺序图

（1）搅拌桩机就位、调平，钻头对准桩位。

（2）搅拌、喷浆下沉。启动搅拌机，使其钻杆沿导向架向下搅拌切土，同时开启送浆泵向土体喷水泥砂浆，此时多轴上的叶片同时正反向旋转搅拌直到设计深度为止。

（3）达到预定设计深度后，在桩端就地持续喷浆搅拌 10～30s，使桩端水泥土充分搅拌均匀（下沉喷浆为总浆量的 90％以上）。

（4）搅拌、喷浆提升。此时喷浆目的是为了避免喷浆口被堵塞，同时多向多轴搅拌桩机钻杆上的叶片正反向旋转，继续搅拌水泥土。

（5）搅拌完毕。搅拌、喷浆提升到地表或设计标高，完成单根多向多轴搅拌水泥砂浆桩的施工。

6.3 褥垫层施工

褥垫层是复合地基中解决地基不均匀的一种方法。如建筑物一边在岩石地基上，一边在黏土地基上时，采用在岩石地基上加褥垫层（级配砂石）来解决。褥垫层主要有下列几种作用：①保证桩、土共同承担荷载，它是水泥粉煤灰碎石桩形成复合地基的重要条件；②通过改变褥垫厚度，调整桩垂直荷载的分担，通常褥垫层越薄桩承担的荷载占总荷载的百分比越高；③减小基础底面的应力集中；④调整桩、土水平荷载的分担，褥垫层越厚，土分担的水平荷载占总荷载的百分比越大，桩分担的水平荷载占总荷载的百分比越小。

工程实践表明，褥垫层的合理厚度为 100～300mm，考虑施工时的不均匀性，一般褥垫层厚度取 150～300mm，当桩径大、桩距大时宜取高值。

6.3.1 工艺流程

检验砂石质量→分层铺筑砂石→洒水→夯实或碾压→找平验收。

6.3.2 施工工艺

（1）施工准备。在已完成的刚性、亚刚性桩顶面，清除污染物及浮土，采用轻型压路机压实表面。设置控制铺筑厚度的标志。

（2）对级配砂石进行检验，将砂石拌和均匀，其质量均应达到设计要求或规范的规定。

（3）铺筑砂石的每层厚度，一般为 15～20cm，不宜超过 30cm，分层厚度可用样桩控制。视不同条件，可选用夯实或压实的方法。砂和砂石地基底面宜铺设在同一标高上，如深度不同时，基土面应挖成踏步和斜坡形，搭槎处应注意压（夯）实。施工应按先深后浅的顺序进行。分段施工时，接槎处应做成斜坡，每层接岔处的水平距离应错开 0.5～1.0m，并应充分压（夯）实。

（4）铺筑的砂石应级配均匀。如发现砂窝或石子有成堆现象，则应将该处砂子或石子挖出，分别填入级配好的砂石。

（5）洒水。铺筑级配砂石在夯实碾压前，应根据其干湿程度和气候条件适当地洒水，以保持砂石的最佳含水量。

（6）夯实或碾压。夯实或碾压的遍数，由现场试验确定。

（7）找平和验收。施工时应分层找平，夯压密实，并应设置纯砂检查点，用 200cm³ 的环刀取样；测定干砂的质量密度。下层密实度合格后，方可进行上层施工。用贯入法测定质量时，用贯入仪、钢筋或钢叉等以贯入度进行检查，以小于试验所确定的贯入度为合格。最后一层压（夯）完成后，表面应拉线找平，并且要符合设计规定的标高。

6.4　CM桩复合地基施工注意事项

在CM桩复合地基施工中，不但需要注意各种桩型的施工顺序以及施工细节，更要详细地了解施工过程中出现的一些问题和解决方法，本节对施工中运用较多的桩型中需要注意的问题进行了介绍。

6.4.1　刚性桩施工注意事项

1. 刚性桩采用沉管灌注桩时需要注意的要点

沉管灌注桩也有其缺点，如施工时控制得不好，可能会发生缩颈和断桩。据统计，振动沉管施打的灌注桩事故率高达25%。通过工程实践，发现用振动沉管打桩机成桩主要存在以下几个问题。

（1）难以穿透厚的硬土层如砂层、卵石层等。在基础底面以下的土层中，若存在承载力高的硬土层，如砂层、卵石层，由于振动沉管打桩机难以穿过，因此不得不采用引孔等措施，或者采用其他成桩工艺。

（2）振动及噪声污染严重。随着社会的不断进步，对文明施工的要求越来越高，当在城区或居民区施工时，振动和噪声污染会对施工现场周围居民正常生活产生不良影响，使施工无法正常进行，故许多地区规定不能在居民区采用振动沉管打桩机施工。

（3）在临近已有建筑物施工时，振动对建筑可能产生不利影响。

（4）振动沉管打桩机成桩为非排土成桩工艺，在饱和黏性土中成桩，会造成地表隆起挤断已打桩，在高灵敏度土中施工可导致桩间土强度降低。

（5）施工时，混合料从搅拌机到桩机进料口的水平运输一般为翻斗车或人工运输，效率相对较低。对于长桩，拔管过程中尚需空中投料，操作不便。

2. 刚性桩若采用长螺旋钻孔灌注桩时需要注意的要点

（1）施工时应按设计配比配制混合料，投入搅拌机加以搅拌，加水量由混合料坍落度控制。大量工程实践表明，混合料坍落度过大，桩顶浮浆过多，桩体强度也会降低。因此，应控制混合料的坍落度。长螺旋钻孔成桩施工的坍落度宜为180~200mm，成桩后桩顶浮浆厚度不宜超过200mm。

（2）长螺旋钻孔、管内泵压混合料成桩施工在钻至设计深度后，应准确掌握提拔钻杆时间，混合料泵送量应同拔管速度相配合，以保证管内有一定高度的混合料。遇到饱和砂土和饱和粉层土，不得停泵待料。沉管灌注成桩施工拔管速度应按均匀线速度控制，拔管线速度控制在1.2~1.5m/min，如为淤泥或淤泥质土，则拔管速度可适当放慢。

（3）施工时，桩顶标高应高出设计桩顶标高，高出长度应根据桩距、布桩形式、现场地质条件和成桩顺序等综合条件确定，一般不小于0.5m。

（4）成桩过程中，应抽样做混合料试块，每台机械一天应做一组（3块）试块（边长为150mm的立方体），标准养护28天，测定其抗压强度。

（5）长螺旋钻孔、管内泵压混凝土成桩施工中存在钻孔弃土。对弃土和保护土层清运时，如采用机械、人工联合清运，则应避免机械设备超挖，并应预留至少300mm用人工清运，避免造成桩头断裂和扰动桩间土层。

（6）长螺旋泵送混凝土成桩施工时，混凝土坍落度应控制在160～200mm。这主要是要确保施工中混凝土的顺利输送。坍落度太大，易产生泌水、离析，在泵压作用下，骨料与砂浆分离，导致堵管；坍落度太小，混凝土流动性差，也容易造成堵管。锤击（振动）沉管灌注成桩时若混凝土坍落度太大，桩顶浮浆过多，则桩体强度会降低；当一侧毗邻建筑物时，桩施工应由毗邻建筑物处向远离建筑物方向沉桩。

（7）长螺旋泵送混凝土成桩施工，应准确掌握提拔钻杆时间。钻孔进入土层预定标高后开始泵送混凝土，待管内空气从排气阀排出，钻杆内管及输送软、硬管内混凝土连续时再提拔钻杆。若提钻时间较晚，则在泵送压力下钻头处的水泥浆液会被挤出，容易造成管路堵塞。应严禁在泵送混凝土前提拔钻杆，以免造成桩端处留存虚土或桩端混凝土离析，影响端阻力发挥。提拔钻杆过程中应连续泵料，特别是在饱和粉土层中不得停泵待料，避免导致混凝土离析、桩身缩颈和断桩。

（8）长螺旋泵送混凝土成桩施工中存在钻孔弃土。对弃土清运时如采用机械、人工联合清运，则应避免机械设备超挖及碾压桩头，并应预留至少500mm土层用人工清运，避免导致桩头断裂和扰动桩间土层。

6.4.2 亚刚性桩施工注意事项

在亚刚性桩施工中若采用水泥搅拌桩则应注意以下几点。

1. 水泥浆喷射搅拌法

（1）施工现场事先应予以平整，必须清除地上和地下的障碍物。遇有明浜、池塘及洼地时应抽水和清淤，回填黏性土料并予以压实，不得回填杂填土或生活垃圾。

（2）施工前应根据设计进行工艺性试桩，数量不得少于两根。当桩周为成层土时，应对相对软弱土层增加搅拌次数或增加水泥掺量。

（3）搅拌头翼片的枚数、宽度与搅拌轴的垂直夹角、搅拌头的回转数、提升速度应相互匹配，以确保加固深度范围内土体的任何一点均能经过20次以上的搅拌。

（4）竖向承载搅拌桩施工时，停浆（灰）面应高于桩顶设计标高300～500mm。在开挖基坑时，应将搅拌桩顶端施工质量较差的桩段用人工挖除。

（5）施工中应保持搅拌桩机底盘的水平和导向架的竖直，搅拌桩的垂直偏差不得超过1%；桩位的偏差不得大于50mm；成桩直径和桩长不得小于设计值。

2. 水泥粉喷射搅拌法

（1）粉体喷射机（俗称灰罐）安放的位置与搅拌机施工最远处之间的距离不宜超过 60m，不然，送粉管的阻力增大，送粉量就不易稳定。施工机械、电气设备、仪表仪器及机具等，在确认完好后方可使用。

（2）在建筑物旧址或回填建筑垃圾地区施工时，应预先进行桩位探测，并清除已探明的障碍物。

（3）施工中，若发现钻机有不正常的振动、晃动、倾斜、移位等现象，应立即停钻检查，必要时应提钻重打。

（4）设计上要求搭接的桩体，若需连续施工，则一般相邻桩的施工间隔时间不超过 8h。

（5）喷粉时灰罐内的气压比管道内气压高 0.02～0.05MPa 以确保正常送粉。

（6）对地下水位较深、基底标高较高的场地，或喷灰量较大、停灰面较高的场地，施工时加水或在施工区地面上浇水，使桩头部分水泥充分水解水化，以防桩头呈疏松状态。

6.4.3　其他需要注意的事项

（1）施工中桩顶标高应高出设计桩顶标高，并留有保护桩长。保护桩长的设置是基于下列几个因素：①成桩时桩顶不可能正好与设计标高完全一致，一般要高于桩顶设计标高一段长度，增大混凝土表面的高度，即增加自重压力，可以提高抵抗周围土挤压的能力；②桩顶一般由于混凝土自重压力较小或由于浮浆的影响，靠桩顶一段桩体强度较差；③已成桩尚未结硬时，施打新桩可能导致已成桩受振动挤压，混凝土上涌使桩径缩小。

（2）CM 复合地基的基坑开挖应采取分层、对称、均衡开挖方法，优先采用人工开挖。当采用机械、人工联合开挖时，应确保机械行进不得造成 C 桩和 M 桩桩位偏差及影响桩身质量[1]。坑底预留 500mm 的土层人工开挖，以确保 CM 复合地基质量。

（3）褥垫层材料多为粗砂、中砂或碎石，碎石粒径宜为 8～20mm。当基础底面桩间土含水量较大时，可进行试验确定是否采用动力夯实法，避免桩间土承载力降低。对较干的砂石材料，虚铺后可以适当洒水后再行碾压或夯实。

6.5　施工质量检查及承载力检测

6.5.1　施工质量检查

1. 施工质量检验要点

（1）刚性桩施工中应对成桩中心位置、孔深、孔径、垂直度（钻孔法施工，还有孔底下沉渣厚度）进行认真检查，填写质量检查记录。

（2）刚性桩及亚刚性桩应以动测法检查桩身质量，检测数为总桩数的 2%～5%。

（3）刚性桩及亚刚性桩质量检验可用单桩或复合地基载荷试验检验其承载力，载荷试验按照国家与地方有关规范执行。

（4）刚性桩采用钻孔灌注桩施工时，钻孔灌注桩工程质量检查方法除桩身质量外，可以根据检验项目分别采用目检、尺检、称量、仪器检测等方法。桩身质量检测可采用静载试验、钻探取芯、动测、超声波等方法进行检测。

（5）刚性桩采用沉管灌注桩施工时，沉管灌注桩施工过程的质量检测主要包括成孔和混凝土搅拌、灌注三个工序。灌注混凝土时，对桩孔要进行中心位置、孔深、垂直度等项目的检测；混凝土搅拌和灌注应对原材料的质量和计量、混凝土配合比、坍落度、灌注过程中混凝土面位置进行检查。沉管灌注桩桩身质量、混凝土强度可采用动测法进行检测，有可靠经验时也可以采用大应变动测法确定单桩承载力。

（6）刚性桩采用长螺旋钻孔灌注桩施工时，通常用单桩静载试验来测定桩的承载力，也可以判断出是否发生断桩等缺陷。

（7）刚性桩采用预应力管桩施工时，预应力管桩施工质量检查包括打入（静压）深度、停锤标准、桩位及垂直度检查。沉桩过程中的检查项目包括桩尖标高、桩身（架）垂直度及每米进尺锤击数、最后 1m 锤击数、最后三阵贯入度等。

（8）亚刚性桩采用搅拌桩时，施工过程中必须认真进行施工记录，并按照规定的施工工艺对每根工程桩进行质量检查，检查的重点是：水泥用量、桩长、制桩过程中有否断桩现象、搅拌提升时间和复搅次数。成桩 7d 内进行质量跟踪检验。可以用轻便触探器中附带的勺钻钻取桩身加固土样，观察搅拌均匀程度和判断桩身强度，或用静力触探测试强度随深度的变化。可以根据轻便触探击数对比法判断桩身强度。检验桩的数量应不小于总桩数的 2%。若因工程需要，可在桩头截取试块或钻芯取样做抗压强度试验，必要时可取基础下 500mm 的桩段进行现场抗压强度试验。

2. 施工质量检验方法

成桩后 3d 内，可用轻型动力触探（N10）检查每米桩身的均匀性。检查数量为施工总桩数的 1%，且不少于 3 根。

成桩 7d 后，采用浅部开挖桩头，深度宜超过停浆（灰）面下 0.5m，目测检查搅拌的均匀性，量测成桩直径。检查量为总桩数的 5%。

基槽开挖后，应检验桩位、桩数与桩顶质量，如不符合设计要求，则应采取有效补强措施。M 桩可采用取芯（用双管单动取样）抗压强度试验或单桩静载试验。

6.5.2 承载力检测

CM 桩复合地基中刚性桩及刚性桩不需进行单桩承载力测试或仅作参考。CM 桩复合地基的承载力，应以按置换率的包括刚性桩、亚刚性桩及土的原位静载试验为准，以此检测地基处理效果。

CM 桩复合地基由土与刚性桩及亚刚性桩共同工作，刚性桩及亚刚性桩桩体只是其中一部分，与桩基有着完全不同的概念。桩基中桩顶、承台、桩间土表面沉降是相同的，而 CM 桩复合地基中刚性桩桩顶、亚刚性桩桩顶、桩间土基础的沉降是不同的，绝不能用桩基来理解和解析复合地基。

褥垫层至关重要，是CM桩复合地基中不可或缺的组成部分。刚性桩在工作中由于褥垫层作用必产生对褥垫层的上刺入以及桩端的下刺入，这个上、下刺入过程就是调动土参加工作的过程。褥垫层厚，桩参加工作少；褥垫层薄，桩参加工作多。

CM桩三维高强复合地基中桩是欠发挥的，而土是超常发挥的（已有较多试验验证并有相关文章介绍），单桩承载力试验只作参考[2]。

对复合地基进行荷载试验，目的就是要检测其施工质量和效果是否达到设计的承载力要求。CM桩复合地基荷载试验要点主要有以下几点。

（1）CM复合地基载荷试验用于测定承压板下应力主要影响范围内复合土层的承载力和变形参数。CM复合地基载荷试验承压板应具有足够刚度。单桩复合地基载荷试验的承压板可用圆形或方形，面积为一根桩承担的处理面积；多桩复合地基载荷试验承压板可用方形、矩形、菱形，其尺寸按实际桩数所承担的处理面积确定。单桩或多桩所承担的处理面积的桩中心（或形心）应与承压板中心保持一致，并与荷载作用点相重合。

（2）承压板底面标高与桩顶设计标高相适应。承压板底面下宜铺设粗砂或中砂垫层，垫层厚度取 $50\sim150mm$，桩身强度高时宜取大值。试验标高处的试坑长度和宽度，应不小于承压板尺寸的3倍。基准梁的支点应设在试坑之外。

（3）试验前应采取措施，防止试验场地地基土含水量变化或地基土扰动，以免影响试验结果。

（4）加载等级可分为8～12级。最大加载压力不应少于设计要求达到的复合地基承载力特征值的2倍。

（5）每加一级荷载前后均应各读记承压板沉降量一次，以后每半个小时读记一次。当一小时内沉降量小于0.1mm时，即可加下一级荷载。

（6）当出现下列现象之一时可终止试验：①沉降急剧增大，土被挤出或承压板周围出现明显的隆起；②承压板的累计沉降量已大于其宽度或直径的6%；③当达不到极限荷载，而最大加载压力已大于设计要求压力值的2倍时。

（7）卸载级数可为加载级数的一半，等量进行，每卸一级，间隔半小时，读记回弹量，待卸完全部荷载后间隔三小时读记总回弹量。

（8）CM复合地基承载力特征值的确定：①当压力-沉降曲线能确定极限荷载，而其值不小于对应比例界限的2倍时，可取比例界限值；当其值小于对应比例界限的2倍时，可取极限荷载的一半；②当压力-沉降曲线是平缓的光滑曲线时，可取试验沉降量 S 与承压板边长或直径 B 之间的相对变形值 S/B 等于0.008时所对应的压力值。

按相对变形值确定的承载力特征值不应大于最大加载压力的一半。

（9）试验点的数量不应少于3点，当满足其极差不超过平均值的30%时，可取其平均值为CM复合地基承载力特征值。

（10）在取得一定数据及经验后，可以以C桩及M桩单桩复合地基载荷试验确定的承载力特征值 f_{sp}^{c}、f_{sp}^{m}，由下式计算CM复合地基的承载力特征值 $f_{sp,k}$

$$f_{spk} = \eta\left(\frac{n_b^c}{n_b}f_{sp}^c + \frac{n_b^m}{n_b}f_{sp}^m\right) \qquad (6\text{-}1)$$

式中　η——单桩复合地基与多桩复合地基之间的换算系数，大于 1，一般可取 1.2～1.4，没有经验时可取 1.1；

n_b^c——CM 复合地基承压板中 C 桩数量；

n_b^m——CM 复合地基承压板中 M 桩数量；

n_b——CM 复合地基承压板中总桩数；

f_{spk}——CM 复合地基的承载力特征值；

f_{sp}^c——C 桩单桩复合地基试验的承载力特征值；

f_{sp}^m——M 桩单桩复合地基试验的承载力特征值。

（11）当由单桩复合地基试验代替 CM 复合地基试验时，C 桩、M 桩的单桩复合地基压板尺寸按照下面的原则确定：假定在任一种布置方式 CM 复合地基承压板中 C 桩和 M 桩的单桩处理面积相等，则 C 桩、M 桩单桩复合地基的面积按式（6-2）和式（6-3）求得。

$$A_s^c = \frac{A_{pc} \cdot n_b^c}{m_c \cdot n_b} \qquad (6\text{-}2)$$

$$A_s^m = \frac{A_{pm} \cdot n_b^m}{m_m \cdot n_b} \qquad (6\text{-}3)$$

式中　A_s^c——C 桩单桩复合地基承压板面积；

A_s^m——M 桩单桩复合地基承压板面积；

A_{pc}——C 桩单桩截面积；

A_{pm}——M 桩单桩截面积；

m_c——C 桩置换率；

m_m——M 桩置换率；

n_b^c——CM 复合地基承压板中 C 桩数量；

n_b^m——CM 复合地基承压板中 M 桩数量；

n_b——CM 复合地基承压板中总桩数。

6.5.3　其他需要注意的事项

CM 三维高强复合地基中桩是欠发挥的，而土是超常发挥的（已有较多试验验证并有相关文章介绍），单桩承载力试验只作参考。仅利用土与桩的承载力推导复合地基承载力是不恰当的。

因此，CM 三维高强复合地基的检测应进行原位静载试验。这是一种直接的检测方法，可以反映地基处理的效果；而单桩承载力试验是一种间接推算的方法。

CM 复合地基的承压板尺寸，按照 C 桩、M 桩实际置换率与不同布桩方式下 CM 复合地基承压板中 C 桩和 M 桩置换率相等的原则求得相对应的面积，取其中的小者为承压板设计的面积。图 6-11 所示为矩形布置下菱形承压板示意图。

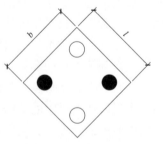

图 6-11　矩形布置下菱形
承压板示意图

l—承压板长度；b—承压板宽度；

○—C 桩（刚性桩）；

●—M 桩（亚刚性桩）

本 章 参 考 文 献

［1］　史佩栋，等. 桩基工程手册 ［M］. 北京：人民交通出版社，2008.

［2］　王从才，孙秋荣，刘忠文. CM 高强度复合地基在工程中的运用 ［J］. 建材技术与应用，2007（06）.

第七章

CM桩复合地基的可靠度分析

7.1 岩土工程可靠度分析基本概念

7.1.1 可靠度分析中的基本概念

1. 可靠性的定义

CM桩复合地基可靠性是指在规定的时间内和规定的条件下，复合地基完成预定功能的能力[1]。为了把可靠性作为复合地基性能的数量化指标，需引进可靠度概念。按照可靠性理论的定义，可靠度就是复合地基在规定的条件下和规定的时间内，完成预定功能的概率。

这里规定的时间，是指复合地基结构预定的有效服务期；规定的条件指的是设计预先确定的各种环境、施工和正常使用条件，即不考虑人为过失的影响；预定的功能是以复合地基性能指标安全性、适用性和耐久性来表征的，一般包括以下四项基本功能[2]。

（1）能承受在正常施工和正常使用时可能出现的各种作用（包括荷载以及外加变形或约束变形）。

（2）在正常使用时具有良好的工作性能。

（3）在正常维护下具有足够的耐久性能。

（4）在偶然事件（如爆炸、车辆撞击、超过设计烈度的地震、龙卷风等）发生时及发生后，仍能保持必需的整体稳定性（即结构仅产生局部的损坏而不致发生连续倒塌）。

上述第（1）项和第（4）项是相对于复合地基的强度和稳定性而言的，即所谓的安全性；第（2）项和第（3）项分别指复合地基的适用性和耐久性。复合地基的安全性、适用性和耐久性三者总称为复合地基的可靠性。完成各项预定功能的标志则是以复合地基达到极限状态来衡量。度量结构可靠性的数量指标称为结构可靠度。其定义为：结构在规定的时间内，在规定的条件下，完成预定功能的概率。可见，结构可靠度是结构可靠性的概率度量。

2. 极限状态的定义

CM 桩复合地基的极限状态（Limit States），即指复合地基能满足设计规定的某一功能要求的临界状态，超过这一状态工程便不能满足设计要求。它是区分结构的工作状态为可靠或不可靠的标志[1~5]。显然，我们要求复合地基的承载力应具有足够大的可靠度来保证不致达到规定的极限状态，只有这样，才能认为结构满足预定的功能要求。

一般来说，复合地基在正常设计、施工和管理条件下，都假定在正常使用期内其工作状态无明显退化。下面分别介绍关于极限状态的一些概念，如极限状态方程、极限状态函数、极限状态面和安全余量。

（1）极限状态函数[1]~[3]。复合地基可靠性通常受各种荷载、岩土材料性能、几何参数以及计算公式精确性等因素的影响。这些因素一般具有随机性，称为基本变量，可以模拟成随机变量或随机过程，采用随机变量模拟，记为 $X_i(i=1\sim n)$。以这些基本变量的 n 维坐标轴所构成的空间，称为 n 维基本变量空间。对于一个给定的复合地基问题，每个基本变量具有固定值 $X_i(i=1\sim n)$。

复合地基的极限状态一般由功能函数 Z 表示，称为极限状态函数（Limit State Function），亦称功能函数（Performance Function）或失效函数（Failure Function）。

$$Z = g(X_1, X_2, \cdots, X_n) \tag{7-1}$$

当功能函数 $Z > 0$ 时，结构处于可靠状态；当功能函数 $Z = 0$ 时，结构达到极限状态；当功能函数 $Z < 0$ 时，结构处于失效状态。

（2）极限状态方程。所谓的极限状态方程（Limit State Equation），是指当复合地基处于极限状态时各相关基本变量的关系式[1]~[5]，即

$$Z = g(X_1, X_2, \cdots, X_n) = 0 \tag{7-2}$$

它是基坑可靠度分析的重要依据。

（3）极限状态面。所谓的极限状态面（Limit State Surface），指由满足复合地基极限状态方程的所有点组成的面，即位于该面上的点全部满足极限状态方程，该面又称为失效面[1]~[5]（Failure Surface）。

（4）安全余量。假设 $R(x)$ 为复合地基的抗力效应，$S(x)$ 为结构的荷载效应，则结构的功能函数表示为

$$Z = g(\bar{x}) = g(x_1, x_2, \cdots, x_n) = R(x) - S(x) \tag{7-3}$$

上式中，Z 为随机变量，称之为结构的安全余量[1]~[5]（Safety Margin），也称安全储备（Safety Reserve）。

3. 可靠度的尺度

由可靠度的定义可知，可靠度的大小是用概率来度量的，而概率是在闭区间 $[0, 1]$ 上取值的。因此，可靠度的上下界表示为

$$0 \leqslant R \leqslant 1$$

在复合地基中，可靠度有以下三种尺度。

（1）稳定概率，即可靠度。基坑结构可靠度（Reliability）是指结构在规定的时间内、

规定的条件下完成预定功能的概率，亦称可靠概率[1]~[5]（Probability of Survival）记为 P_s。由此可见可靠度是结构可靠性的概率度量，亦即前者是关于后者的一种定量描述。设有 n 维基本变量 $X_i(x_1, x_2, \cdots, x_n)$，则可靠度

$$P_s = P(Z \geqslant 0) = \int_0^\infty f_Z(z)\,\mathrm{d}z = \int_0^\infty f_X(x_1, x_2, \cdots, x_n)\,\mathrm{d}x_1\,\mathrm{d}x_2 \cdots \mathrm{d}x_n \tag{7-4}$$

其中，$f_X(x_1, x_2, \cdots, x_n)$ 为基本随机变量 X_i 的概率密度函数。因为通常人们更关心破坏的可能性，所以稳定概率并不常用。

（2）破坏概率，即失效概率（Probability of Failure）。所谓的复合地基的失效概率（Probability of Failure），是指结构在规定的时间内，在规定的条件下，不能完成预定功能的概率[1]~[5]，记作 P_f，则有

$$P_f = P(Z < 0) = \int_{-\infty}^0 f_Z(z)\,\mathrm{d}z = \int_{-\infty}^0 f_X(x_1, x_2, \cdots, x_n)\,\mathrm{d}x_1\,\mathrm{d}x_2 \cdots \mathrm{d}x_n \tag{7-5}$$

显然

$$P(Z \geqslant 0) + P(Z < 0) = 1$$

因此，失效概率和可靠度存在一种互补关系，即有

$$P_s = 1 - P_f \tag{7-6}$$

其概率密度函数如图 7-1 所示，根据定义，结构的失效概率 P_f 就是图中阴影部分面积 $P(Z<0)$，而非阴影部分面积 $P(Z>0)$ 即为结构的可靠度 P_s。在实际工程中，一般是计算破坏概率，并提出破坏概率的限值。

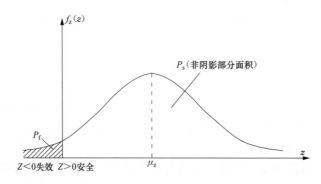

图 7-1　结构的失效概率密度函数图

（3）可靠指标，或称安全指标。所谓工程结构的可靠指标（Reliability Index）指的是度量结构可靠性的一种数量指标，它是标准正态分布反函数，与结构的失效概率相对应[1]~[5]。在 n 维状态空间中，它是 n 维极限状态面至坐标原点的最短距离，记作 β。设抗力函数 R 和荷载效应函数 S 均服从正态分布，即 $R \sim N(\mu_R, \sigma_R)$、$S \sim N(\mu_S, \sigma_S)$，那么功能函数 Z 亦服从正态分布，即 $Z \sim N(\mu_Z, \sigma_Z)$，从而可得概率 P_f 为

$$P_f = P(Z < 0) = \int_{-\infty}^0 f_Z(z)\,\mathrm{d}z = \int_{-\infty}^0 \frac{1}{\sqrt{2\pi}\sigma_Z} \exp\left[-\frac{1}{2}\left(\frac{z - \mu_Z}{\sigma_Z}\right)^2\right]\mathrm{d}z$$

$$= \frac{1}{\sqrt{2\pi}} \int_{-\infty}^{-\mu_Z/\sigma_Z} e^{-t^2/2}\,\mathrm{d}t = \Phi\left(-\frac{\mu_Z}{\sigma_Z}\right) = \Phi(-\beta) \tag{7-7}$$

因此，可靠指标 β 又可表达为

$$\beta = \frac{\mu_Z}{\sigma_Z} \qquad (7\text{-}8)$$

式中　$\mu_Z = \mu_R + \mu_S$；$\sigma_Z = \sqrt{\sigma_R^2 + \sigma_S^2}$；

　　　β——可靠指标；

　μ_Z、σ_Z——安全余量 Z 的均值和方差；

　μ_R、μ_S——抗力和荷载效应的均值；

　σ_R、σ_S——抗力和荷载的方差。

由此可见，P_s、P_f、β 都可以用以衡量结构的可靠度，但由式（7-4）和式（7-5）知，计算 P_s、P_f 涉及多重积分，数学处理较困难。根据（7-6）和式（7-7）可知，P_s、P_f、β 之间存在一一对应关系，β 越大，失效概率 P_f 越小，故可靠度 P_s 越大（见图 7-2）。因此，β 作为失效概率的度量，可以用来表示复合地基结构的可靠程度。目前工程上多采用 β 表示结构的可靠程度，并称之为可靠指标。国际上亦通用 β 来量度工程结构可靠性。

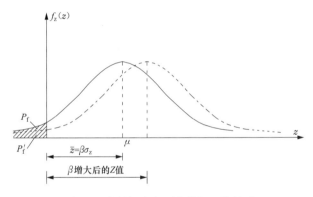

图 7-2　失效概率与可靠指标 β 的关系

此外，可靠指标 β 与破坏概率 P_f 存在一一对应关系，尚需满足以下条件。

1）极限状态面是线性的。

2）基本变量 $X_i(i = 1, 2, \cdots, n)$ 是正态分布的。

这时，当状态函数 Z 的分布确定后，β 与 P_f 的关系就确定了，即可由 β 算出 P_f。如果 Z 为正态分布，则很容易地根据 β 值查正态分布表求得破坏概率。

4. 可靠指标与安全系数的关系

定值安全系数方法的设计原则是抗力效应小于荷载效应，其安全度可以用安全系数来表示[4,5]。例如，用平均值表达的单一平均安全系数称为中心安全系数 k_0，可以定义为

$$k_0 = \frac{抗力效应均值}{荷载效应均值} = \frac{\mu_R}{\mu_S} \qquad (7\text{-}9)$$

相应的设计表达式为

$$\mu_R \geqslant k_0 \mu_S \tag{7-10}$$

假定抗力 R 和荷载效应 S 均服从正态分布，相应的变异系数分别为 δ_R 和 δ_S，则极限状态函数为

$$Z = R - S \tag{7-11}$$

则利用可靠度概念可以导出中心安全系数 k_0 与可靠度指标 β 之间的关系。式（7-7）可以改写为

$$\beta = \frac{\mu_Z}{\sigma_Z} = \frac{\mu_R - \mu_S}{\sqrt{\sigma_R^2 + \sigma_S^2}} = \frac{\mu_R/\mu_S - 1}{\sqrt{(\mu_R/\mu_S)^2 \delta_R^2 + \delta_S^2}} = \frac{k_0 - 1}{\sqrt{(k_0)^2 \delta_R^2 + \delta_S^2}} \tag{7-12}$$

从而解得

$$k_0 = \frac{1 + \beta\sqrt{\delta_R^2 + \delta_S^2 - \beta^2 \delta_R^2 \delta_S^2}}{1 - \beta^2 \delta_R^2} \tag{7-13}$$

由式（7-9）可以看出，只要 μ_R、μ_S 一定，中心安全系数 k_0 就随之而定。由式（7-12）和式（7-13）知，δ_R 和 δ_S 增大，可靠度指标 β 减小；反之，β 增大。β 作为衡量复合地基可靠度的指标，既与 k_0 有关，又与 δ_R 和 δ_S 有关，而 k_0 仅与 μ_R、μ_S 有关。式（7-13）的物理意义就是：中心安全系数 k_0 和可靠度指标 β 之间的关系与随机变量 R 和 S 的变异系数有关。因此，不能仅仅以 k_0 作为基坑的可靠指标。从统计学的观点看，传统的安全系数 k_0 主要存在着以下两个问题。

（1）式（7-9）所定义的中心安全系数 k_0 只与抗力 R 和荷载效应 S 的均值的比值有关，它只考虑了随机变量的平均值（一阶矩），而没有考虑随机变量的变异系数（二阶矩），即没有考虑 R 和 S 的离散程度，因而这种系数是不能反映结构的实际失效情况的。

（2）由式（7-12）、式（7-13）可知，对于相同的中心安全系数 k_0，会因变异系数的不同而出现不同的可靠指标 β，因而结构的安全系数也就不同，这反映出了用安全系数进行设计的不合理性。

另外，式（7-9）的中心安全系数 k_0 没有概率的含义，也不能反映基坑支护结构的可靠度。这正是可靠度理论所要解决的问题之一，也是可靠度理论研究的主要意义。

5. 复合地基目标可靠指标 β_0 的确定

目标可靠指标 β_0 是设计所预期的可靠指标。复合地基的可靠度指标 β 是否满足要求，须按下式验算

$$\beta \geqslant \beta_0$$

若上式成立则可靠，否则不可靠。

一般情况下，复合地基工程是临时性工程，设计可靠度取值过低，安全问题就会没有保证，如果过高，则势必会增加工程造价，因此在可靠性与经济性之间寻找合理的平衡显得尤为重要。复合地基的目标可靠度 β_0 直接关系到如何平衡结构的可靠性与经济性这一对矛盾，因而它的确定是一个十分敏感的问题，目前在岩土工程中尚未有统一的规定，但可以通过国内外的有关结论，结合复合地基自身的特点来大致确定。

美国 LRFD（Load and Resistance Factor Design）规范对 β_0 的建议值见表 7-1。

表 7-1　　　　　　　　　　　美国 LRFD 规范中 β_0 的建议值

建筑物类型	目标可靠指标 β_0
临时结构	2.5
普通建筑物	3.0
非常重要建筑	4.5

我国《建筑结构设计可靠度统一标准》（GB 50068）根据建筑结构的安全等级（见表 7-2）规定目标可靠指标 β_0，见表 7-3。

表 7-2　　　　　　　　　　　　建筑结构的安全等级

安全等级	破坏后果	建筑物类型
一级	很严重	重要建筑物
二级	严重	一般工业与民业建筑
三级	不严重	次要建筑

表 7-3　　　　　我国《建筑结构设计可靠度统一标准》规定的目标可靠指标

破坏类型	安全等级		
	一级	二级	三级
延性破坏	3.7	3.2	2.7
脆性破坏	4.2	3.7	3.2

以上目标可靠指标 β_0，是根据设计基准期 T 为 50 年规定的，而且只对静力荷载下设计结构时使用，对于含有动力荷载的组合作用下，目标可靠指标一般比上述规定值小，一般在 1～2。有充分依据时可作 ±0.25 调整，有特殊要求时可不受此限制。

根据以上资料，笔者认为，随着建筑物安全等级的不同，对可靠度的要求也应不同。美国 LRFD 规范对于临时建筑，取值为 2.5，普通建筑物取 3.0，这是可以参考的，因为它考虑了建筑物的安全等级问题。

鉴于以上分析，笔者建议复合地基的目标可靠度，根据具体的设计数据，分析 CM 桩复合地基本身的材料特性，参考美国 LRFD 规范，依据我国《建筑结构设计可靠度统一标准》规定的目标可靠指标对复合地基可靠度进行合理的取值和判断。笔者对目前已经施工完毕的 CM 桩复合地基的地址资料以及承载力进行了整理以及综合分析，其可靠度一般在 3.65～3.0 之间，因此笔者认为 CM 桩复合地基取 3.2 比较合适。

7.1.2　常用的可靠度分析方法

原则上，计算结构可靠概率 P_s 和失效概率 P_f 的精确解法为：首先寻求基本变量的联合概率密度函数，然后按式（7-4）及式（7-5）进行多重积分，即采用水准Ⅲ的全概率法进行分析。但是，实际问题影响因素繁多、庞杂，极难精确了解变量的分布类型，亦即很难寻求变量的密度函数。再者，当功能函数中有多个基本随机变量或函数为非线性时，上述计算就变得十分复杂，甚至难以求解。因此，在实际计算中，人们并不采用这种直接积分法，而用比较简单的水准Ⅱ的近似方法求解，且往往先求出结构的可靠指标 β，然后再求出相应的失效概率 P_f。为求解可靠指标 β，国内外学者相继研究出一系列分析方法，如一次二阶矩法、JC 法、Monte-Carlo 法、二次二阶矩、基于四阶矩的最大嫡密度法、Powell 法等[5~7]、[9]；另外，我国铁道科学院的姚明初提出了分位值法，河海大学高而坤、吴世伟等提出可以同时计算可靠指标和设计验算点的蒙特卡罗法[10~12]、大连理工大学提出的实用分析法等[8]。

现简要介绍目前在土木工程界常用的一些计算可靠度的方法。

1. 一次二阶矩法

一次二阶矩法就是一种在随机变量的分布尚不清楚时，采用只有均值和标准差的数学模型求解结构可靠度的方法。由于该法是将功能函数 $Z = g(X_1，X_2，\cdots，X_n)$ 在某点用 Taylor 级数展开，获得线性化方程，近似地只取到一次项，求解结构的可靠度，因此称为一次二阶矩。根据线性化点 x_{0_i} 选择的不同，一次二阶矩法又分为均值点一次二阶矩法和改进均值点一次二阶矩法两种。

均值点一次二阶矩法是早期的可靠性分析方法，它假设线性化点 x_{0_i} 为均值点 μ_{x_i}，简称均值点法。这种方法求解结构可靠度最为简便，它只需知道随机变量的均值和方差，计算不需迭代，同时也不需要各统计变量相互独立，便可以直接得出可靠指标与随机变量统计参数之间的关系。但这种方法也有自身的缺陷，一方面，中心点非最优点，亦非控制点，对于非线性功能函数，因略去了二阶及更高级项的误差，将随着线性化点 $x_{0_i}(i=1，2，3，\cdots，n)$ 到失效边界距离的增加而增大，而均值法中所选用的线性化点（均值点）一般在可靠区而不在失效边界上（图 7-3），结果往往带来相当大的误差；另一方面，选择物理意义相同但数学表达式不同的极限状态方程，不能得到相同的可靠指标。

针对均值一次二阶矩法的不足，Rackwitz 在 Hasofer&Lind 研究的基础上，于 1976 年提出了改进的一次二阶矩法（Advanced FOSM Method），其实质是 Taylor 级数对功能函数进行展开时，把线性化点选在失效边界上，而且选在与结构最大可能失效概率对应的设计验算点 $P^* = (x_1^*，x_2^*，\cdots，x_n^*)$ 上，一般通过迭代求解，因此也可简称为验算点法。该方法要求各基本变量相互统计独立，对于不是相互统计独立的基本变量，首先通过正交变换将相关变量空间转化为不相关变量空间。从提高精度的意义上讲，它克服了均值点法的一些不足，使得计算出的可靠指标更加合理，是工程实际可靠度计算中求解结构可靠指标的基础，并将"改进"二字去掉，直接称为一次二阶矩。但是，这种方法仍要求基本变量呈正态分布，在统计独立的正态分布变量和具有线性极限状态方程下才是精确的，对于基坑可靠度分析中土体的容重 r、黏聚力 c 和内摩擦角 φ 除了可能表现为正态分布外，有时还表现为其他分布类型（如对数正态或极值 P^* 型），这时采用验算点一次二阶矩法只能得到近似的结果。

一般分布下极限状态方程的可靠度分析，目前有两种比较实用的方法：JC 法和实用一次二阶矩分析法。现分别介绍如下。

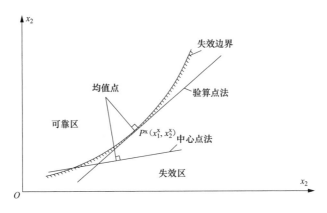

图 7-3　两变量问题的失效边界、可靠区

2. JC 法

JC法是由 Rackwitz 和 Fiessler 等人提出的。该法适用于随机变量为任意分布下的可靠指标的求解，又因其通俗易懂，计算精度又能够满足工程实际需要，因此应用极广，已经为国际安全度委员会（JCSS）所采用，故称 JC 法。目前我国《建筑结构设计标准》《铁路工程结构统一标准》都规定采用本法进行结构的可靠度计算[10、13、14、15、17]。

JC法的基本原理是：首先把原来的非正态分布的随机变量 X_i 当量正态化，再用一次二阶矩法（验算点法）求出可靠指标。当量正态化的条件如下。

（1）在设计验算点 X_i^* 处，当量正态随机变量 X_i（其平均值 $\overline{X}_i'$，标准差 σ_{X_i}'）的分布函数值 $F_{X_i'}(x_i^*)$ 与原随机变量（其平均值 $\overline{X}_i$，标准差 σ_{X_i}）的分布函数值 $F_{X_i}(x_i^*)$ 相等。

（2）在设计验算点 X_i^* 处，当量正态随机变量 X_i（其平均值 $\overline{X}_i'$，标准差 σ_{X_i}'）的概率密度函数值 $f_{X_i'}(x_i^*)$ 与原随机变量（其平均值 $\overline{X}_i$，标准差 σ_{X_i}）的概率密度函数值 $f_{X_i}(x_i^*)$ 相等（图 7-4）。

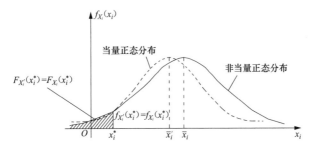

图 7-4　JC 法中的非正态随机变量的当量正态化

由条件（1）$F_{X_i'}(x_i^*)=F_{X_i}(x_i^*)$，得

$$\Phi\left(\frac{x_i^*-\overline{X}_i'}{\sigma_{X_i}'}\right)=F_{X_i}(x_i^*) \tag{7-14}$$

于是，可得当量正态分布的平均值为

$$\overline{X}'_i = x_i^* - \sigma'_{X_i} \Phi^{-1}[F_{X_i}(x_i^*)] \tag{7-15}$$

由条件（2）$f_{X'_i}(x_i^*) = f_{X_i}(x_i^*)$，得

$$\varphi\left(\frac{x_i^* - \overline{X}'_i}{\sigma'_{X_i}}\right)/\sigma'_{X_i} = f_{X_i}(x_i^*) \tag{7-16}$$

又因 $\varphi\left(\dfrac{x_i^* - \overline{X}'_i}{\sigma'_{X_i}}\right)/\sigma'_{X_i} = \varphi\{\Phi^{-1}[F_{X_i}(x_i^*)]\}/\sigma_{X_i^*}$，所以有

$$\varphi\{\Phi^{-1}[F_{X_i}(x_i^*)]\}/\sigma_{X'_i} = f_{X_i}(x_i^*) \tag{7-17}$$

于是，当量正态分布的标准差 σ'_{X_i} 为

$$\sigma'_{X_i} = \varphi\{\Phi^{-1}[F_{X_i}(x_i^*)]\}/f_{X_i}(x_i^*) \tag{7-18}$$

式中　$\Phi(*)$、$\Phi^{-1}(*)$——标准正态分布的分布函数及分布函数的反函数；

$\varphi(*)$——标准正态分布的概率密度函数。

显然，当随机变量服从正态分布时有 $\overline{X}'_i = \overline{X}_i$，$\sigma_{X'_i} = \sigma_{X_i}$。

在极限状态方程中，通过式（7-15）和式（7-18）求得非正态随机变量 X_i 的当量正态参数 $\overline{X}'_i$ 和 $\sigma_{X'_i}$ 后，即可由式（7-19）～式（7-21）按正态变量的情况计算可靠指标 β。

$$\alpha_i = \frac{\dfrac{\partial g}{\partial X_i}\big|_{X_i^*}\sigma_{X'_i}}{\left[\displaystyle\sum_{i=1}^{n}\left(\dfrac{\partial g}{\partial X_i}\big|_{X_i^*}\sigma_{X'_i}\right)^2\right]^{\frac{1}{2}}} \quad (i=1,2,\cdots,n) \tag{7-19}$$

$$X_i^* = \overline{X}'_i - \alpha_i\beta\sigma_{X'_i} \quad (i=1,2,\cdots,n) \tag{7-20}$$

$$g(X_1^*, X_2^*, \cdots, X_n^*) = 0 \tag{7-21}$$

式中　$\dfrac{\partial g}{\partial X_i}\big|_{X_i^*}$——功能函数 $g(X_1^*, X_2^*, \cdots, X_n^*)$ 对 X_i 的偏导数在 X_i^* 处赋值；

X_i^*——设计验算点，其坐标为 $(X_1^*, X_2^*, \cdots, X_n^*)$；

α_i——灵敏系数。

JC 法计算可靠指标 β 一般采用迭代法，在当量正态参数 $\overline{X}'_i$ 和 $\sigma_{X'_i}$ 确定后，即可按验算点 FOSM 法求解可靠指标 β 和设计验算点坐标 x_i^*（$i=1, 2, \cdots, n$）。迭代计算的收敛速度取决于极限状态方程的非线性程度，一般来说五次以内可以求得 β 值。下面就是用该方法计算可靠指标 β 的步骤。

（1）假定一个 β 值。

（2）对全部 i 值，选取设计验算点的初值，一般取 $x_i^* = \mu_{X_i}$。

（3）用式（7-15）和式（7-18）计算 $\overline{X}'_i$ 和 $\sigma_{X'_i}$。

（4）计算 $\dfrac{\partial g}{\partial X_i}\big|_{X_i^*}$ 值。

（5）由式（7-19）计算 α_i 值。

（6）由式（7-20）计算新的 X_i^* 值。

（7）重复步骤（3）～（6），一直算到 X_i^* 前后两次差值在容许范围内为止。

（8）利用式（7-20）计算满足式（7-21）条件下的 β 值。

（9）重复步骤（3）～（8）一直算到前后两次所得的 β 值的差值的绝对值很小为止

（如≤0.05）。

JC法虽然克服了一次二阶矩法的一些缺点，但仍有其不足之处。首先，对非正态变量采用当量正态化的问题，由于限制条件只是概率密度函数和概率分布函数在设计验算点处具有相同的值，这样用正态分布来代替非正态分布进行计算时必会造成误差；其次，可靠指标函数有许多局部的最小值，这不能在 β 中反映出来。

3. 实用分析法

实用分析法是 1984 年大连理工大学的赵国藩教授提出的[18]，是一种实用的一次二阶矩法，简称实用分析法。该法引用当量正态化的方法，将非正态随机变量 X_i 先行"当量正态化"，然后按正态变量情况进行计算，适用于随机变量为任意分布下可靠指标的求解。

在实用分析法中，当量正态化的方法是把原来的非正态变量 X_i 按对应于 P_f 或 $1-P_f$ 有相同的分位值（x_i^f）的条件，用当量正态变量 X_i' 来代替，并要求当量正态变量的平均值 $\mu_{X_i'}$ 与原来非正态变量 X_i 的平均值 μ_{X_i} 相等（图 7-5）。

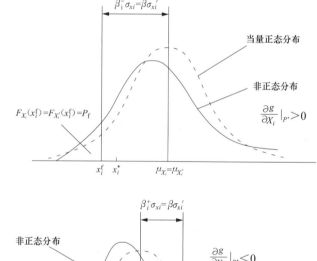

图 7-5　当量正态化示意图

实用分析法的分析过程如下：

（1）当 $\dfrac{\partial g}{\partial X_i} \mid_{P^*} > 0$（即 P^* 在密度函数曲线上的上升段）时有

$$F_{X_i}(x_i^f) = F_{X_i}(\mu_{X_i} - \beta_i^- \sigma_{X_i}) = F_{X_i'}(\mu_{X_i'} - \beta \sigma_{X_i'}) = P_f \tag{7-22a}$$

式中：$x_i^{\mathrm{f}}=\mu_{X_i}-\beta_i^-\sigma_{X_i}$ 是 X_i 相应于 P_{f} 的分位值，图 7-5 表示了 β_i^- 的几何意义。

$\dfrac{\partial g}{\partial X_i}\mid_{P^*}<0$（即 P^* 在密度函数曲线上的下降段）时有

$$F_{X_i}(x_i^{\mathrm{f}})=F_{X_i}(\mu_{X_i}+\beta_i^+\sigma_{X_i})=F_{X_i'}(\mu_{X_i'}+\beta\sigma_{X_i'})=1-P_{\mathrm{f}} \tag{7-22b}$$

式中：$x_i^{\mathrm{f}}=\mu_{X_i}+\beta_i^+\sigma_{X_i}$ 是 X_i 相应于 $1-P_{\mathrm{f}}$ 时的分位值，图 7-5 表示了 β_i^+ 的几何意义。

当转化为正态分布变量时，$x_i^{\mathrm{f}}=\mu_{X_i'}-\beta\sigma_{X_i'}$ 或 $x_i^{\mathrm{f}}=\mu_{X_i'}+\beta\sigma_{X_i'}$。其中 β 值即为所求极限状态方程的安全指标，$\beta=-\Phi^{-1}(P_{\mathrm{f}})=\Phi^{-1}(1-P_{\mathrm{f}})$。

（2）给定

$$\mu_{X_i'}=\mu_{X_i} \tag{7-23a}$$

又由图 7-5 及式（7-22）可知

$$\sigma_{X_i'}=\frac{\beta_i^+\sigma_{X_i}}{\beta} \text{ 或 } \sigma_{X_i'}=\frac{\beta_i^-\sigma_{X_i}}{\beta} \tag{7-23b}$$

式（7-23a）及式（7-23b）是把非正态变量 X_i 的统计参数 μ_{X_i} 及 σ_{X_i} 变换为当量正态变量 X_i' 的统计参数 $\mu_{X_i'}$ 及 $\sigma_{X_i'}$ 的基本公式。

将（7-23b）式代入适用于正态变量的式（7-22），从分子、分母中消去 β，得

$$\alpha_i=\cos\theta_{X_i}=\frac{-\dfrac{\partial g}{\partial X_i}\mid_{P^*}\beta_i^\pm\sigma_{X_i}}{\left[\displaystyle\sum_{i=1}^n\left(\dfrac{\partial g}{\partial X_i}\mid_{P^*}\beta_i^\pm\sigma_{X_i}\right)^2\right]^{\frac{1}{2}}} \tag{7-24}$$

自然地，$\displaystyle\sum_{i=1}^n\alpha_{X_i}^2=1$。

对于非正态变量，通过式（7-23）当量正态化后，直接引用式（7-19）及式（7-20）运算较为方便。

由式（7-22a）及式（7-22b），可得

$$\beta_i^-=\frac{\mu_{X_i}-F_{X_i}^{-1}(P_{\mathrm{f}})}{\sigma_{X_i}},\beta_i^+=-\frac{\mu_{X_i}-F_{X_i}^{-1}(1-P_{\mathrm{f}})}{\sigma_{X_i}} \tag{7-25}$$

实用分析法求解安全指标 β 及相应的失效概率 $P_{\mathrm{f}}=\Phi(-\beta)$ 的迭代步骤如下。

（1）假定 β 的初值，计算 $P_{\mathrm{f}}=\Phi(-\beta)$，$1-P_{\mathrm{f}}=1-\Phi(-\beta)=\Phi(\beta)$。

（2）假定 x_i^* 的初值，如取 $x_i^*=\mu_{X_i}$。对于线性的极限状态方程，该步可以省去。

（3）计算 $\dfrac{\partial g}{\partial X_i}\mid_{P^*}$ 值。

（4）当 $\dfrac{\partial g}{\partial X_i}\mid_{P^*}>0$ 时，计算 β_i^-；当 $\dfrac{\partial g}{\partial X_i}\mid_{P^*}<0$ 时，计算 β_i^+。

1）若 X_i 为正态分布，则有

$$\beta_i^-=\beta_i^+=\beta=\Phi^{-1}(1-P_{\mathrm{f}})=-\Phi^{-1}(P_{\mathrm{f}}) \tag{7-26}$$

2）若 X_i 为对数正态分布，则有

$$\beta_i^-=\frac{1-\exp\left(-\beta\sqrt{k}-\dfrac{k}{2}\right)}{V_{X_i}},\beta_i^+=\frac{\exp\left(\beta\sqrt{k}-\dfrac{k}{2}\right)-1}{V_{X_i}} \tag{7-27}$$

式中 k——$k=\ln(1+V_{X_i}^2)$。

3）若 X_i 为极值Ⅰ型分布，则有

$$\beta_i^- = \frac{\ln[-\ln(P_f)] + 0.5772}{1.2825}, \beta_i^+ = -\frac{\ln[-\ln(1-P_f)] + 0.5772}{1.2825} \tag{7-28}$$

（5）计算 $\sigma_{X_i'}$。由式（7-23b）得

$$\sigma_{X_i'} = \frac{\beta_i^{\pm}}{\beta} \sigma_{X_i}$$

（6）计算 $\cos\theta_{X_i'}$ 或 α_{X_i}'。由式（7-19）得

$$\cos\theta_{X_i'} = \frac{-\frac{\partial g}{\partial X_i}\mid_{P^*} \sigma_{X_i}}{\left[\sum_{i=1}^{n}\left(\frac{\partial g}{\partial X_i}\mid_{P^*}\sigma_{X_i}\right)^2\right]^{\frac{1}{2}}}$$

又由式（7-24）得

$$\alpha_i = \frac{-\frac{\partial g}{\partial X_i}\mid_{P^*} \beta_i^{\pm}\sigma_{X_i}}{\left[\sum_{i=1}^{n}\left(\frac{\partial g}{\partial X_i}\mid_{P^*}\beta_i^{\pm}\sigma_{X_i}\right)^2\right]^{\frac{1}{2}}}$$

（7）计算 x_i^*。由式（7-20）得 $x_i^* = \mu_{X_i} + \beta\sigma_{X_i'}\cos\theta_{X_i'}$，或

$$当\frac{\partial g}{\partial X_i}\mid_{P^*} > 0 时, x_i^* = \mu_{X_i} + \beta_i^-\sigma_{X_i}\alpha_{X_i} \tag{7-29a}$$

$$当\frac{\partial g}{\partial X_i}\mid_{P^*} < 0 时, x_i^* = \mu_{X_i} + \beta_i^+\sigma_{X_i}\alpha_{X_i} \tag{7-29b}$$

（8）检验 $g(X_i^*) = 0$ 的条件是否满足，如不满足，则计算前后两次 β 和 g 的各自差值的比值 $\nabla\beta/\nabla g$，并由 $\beta_{n+1} = \beta_n - g_n \cdot \nabla\beta/\nabla g$ 估计一个新的 β 值，然后重复步骤（3）～（7）的计算，直到获得 $g \approx 0$ 为止。

（9）最后由 $P_f = \Phi(-\beta)$ 计算失效概率。实用分析法与国际结构安全度委员会采用的JC法相比，它们有类似的基本原理，故两种方法的优缺点也大致一样。但是实用分析法迭代计算时所采用的"当量正态化"方法更为明确，计算更为简单，适用于随机变量为任意分布下的可靠指标的求解，且精度已被证实能够满足工程要求。因此"实用"是这种方法的最大优点。

4. 中心点法

中心点法是早期结构可靠度研究所提出的分析方法，只考虑随机变量的平均值和标准差，作为一种简单的计算方法，对应的结构功能函数为

$$Z = R - S \tag{7-30}$$

可靠度指标为

$$\beta = \frac{\mu_Z}{\sigma_Z} \tag{7-31}$$

当随机变量 R 和 S 服从正态分布时，式可变为

$$\beta = \frac{\mu_R - \mu_S}{\sqrt{\sigma_R^2 + \sigma_S^2}} \tag{7-32}$$

上式表示的是两个随机变量的情形，对于多个随变量的一般形式的结构功能函数

$$Z = g_X(X_1, X_2, \cdots, X_n) \tag{7-33}$$

式中：X_1，X_2，$\cdots$，X_n 为结构中的 n 个相互独立的随机变量，其平均值为 μ_{X_1}，μ_{X_2}，$\cdots$，μ_{X_n}，标准差为 σ_{X_1}，σ_{X_2}，$\cdots$，σ_{X_n}。

将功能函数在随机变量的平均值处按泰勒级数展开，取一次项近似

$$Z \approx Z_L = g_X(\mu_1, \mu_2, \cdots, \mu_n) + \sum_{i=1}^{n} \frac{\partial g(\mu)}{\partial X_i}(X_i - \mu_{X_i}) \tag{7-34}$$

函数的均值和方差分别为

$$\mu_Z \approx \mu_Z = EZ = g_X(\mu_1, \mu_2, \cdots, \mu_n) \tag{7-35}$$

$$\sigma_Z \approx \sigma_{Z_L} = E(Z_L - \mu_{Z_L})^2 = \sum_{i=1}^{n} \left(\frac{\partial g_X(\mu)}{\partial X_i}\sigma_{X_i}\right)^2 \tag{7-36}$$

由中心点法的可靠度指标的定义，从而有

$$\beta = \frac{\mu_Z}{\sigma_Z} \approx \frac{g_X(\mu_{X_1}, \mu_{X_2}, \cdots, \mu_{X_n})}{\sum_{i=1}^{n} \left(\frac{\partial g_X(\mu)}{\partial X_i}\sigma_{X_i}\right)^2} \tag{7-37}$$

从式子的推导可以看出，中心点法使用了结构功能函数的一次泰勒级数展开式和随机变量的的前两阶矩（均值和方差），故称为一次二阶矩方法，早期也称为二阶矩模式。中心点法的优点是显而易见的，即计算简便，不需要进行迭代求解。作为一种简单的计算方法，并没有适当的准则来决定最佳展开式。因此其缺点也是非常明显的，主要表现在如下三个方面：①功能函数在平均值处展开不尽合理；②对于力学意义相同、但数学表达形式不同的结构功能函数，由中心点法计算的结果可能不同；③没有考虑随机变量的概率分布。

5. 验算点法

针对中心点法的缺点和不足，1974 年 Hasofer 和 Lind 等人对中心点法进行改进，更加科学地对可靠度指标进行了定义，将可靠度指标 β 定义为标准正态空间中，坐标原点到极限状态面的最短距离，并引入验算点的概念，即验算点法。验算点法是国际结构安全度联合委员会所推荐的一种可靠性分析理论，也被称为 JC 法。作为可靠度分析计算中最为常用的一种解析方法，可以求解基本变量为非正态分布、多变量、极限状态函数非线性的可靠性问题。

假定结构设计中存在着 n 个相互独立且服从正态分布的基本随机变量 X_1，X_2，$\cdots$，X_n，其平均值为 μ_{X_1}，μ_{X_2}，$\cdots$，μ_{X_n}，标准差为 σ_{X_1}，σ_{X_2}，$\cdots$，σ_{X_n}。则极限状态函数表示的是以 $O-X_1$，X_2，$\cdots$，X_n 为坐标系的 n 维正态空间上的一个曲面。为求解可靠度指标，将基本随机变量 $(X_1, X_2, \cdots, X_n)$ 标准化，形成一组新的服从标准正态分布的随机变量 $(X_1, X_2, \cdots, X_n)$，即

$$x_i = \frac{X_i - \mu_{X_i}}{\sigma_{X_i}} \tag{7-38}$$

根据 Hasofer 和 Lind 等人对可靠度指标新的定义，可靠度指标 β 为标准正态空间中，坐标原点到极限状态的曲面的最短距离，如图 7-6 所示 OA* 的长度，并将曲面上的 A 点称为验算点。这样将可靠指标的求解转化成标准化随机变量空间的几何求解问题。显然，不管结构极限状态方程的数学表达式如何，只要具有相同的力学或物理含义，那么在标准正

态坐标系中，所表示的都是同一曲面，曲面上与坐标原点距离最近的点也只有一个，因而，所得到的可靠度指标是唯一的，可靠度指标只与极限状态曲面有关，而不随结构极限状态函数数学表达形式而变。

根据前面所述，将结构功能函数 Z 在假定验算点 $X^* = (x_1^*, x_2^*, \cdots, x_n^*)$ 处运用泰勒级数展开且只保留线性项得

$$Z = g_X(X_1, X_2, \cdots X_n) \approx g_X(x_1^*, x_2^*, \cdots, x_n^*)$$

$$+ \sum_{i=1}^{n} \frac{\partial g_X}{\partial X_i} \Big|_A (X_i - x_i^*) \qquad (7\text{-}39)$$

其中：$\dfrac{\partial g_x}{\partial X_i} = \dfrac{\partial g_X}{\partial x_i} \left(\dfrac{d x_i}{d X_i} \right) = \dfrac{\partial g_X}{\partial x_i} \cdot \dfrac{1}{\sigma_{X_i}}$。 $\qquad (7\text{-}40)$

结构功能函数的平均值和标准差为

$$\mu_Z = g_X(x_1^*, x_2^*, \cdots, x_n^*)$$

$$+ \sum_{i=1}^{n} \frac{\partial g_X}{\partial X_i} \Big| X^* (\mu_{X_i} - x_i^*) \qquad (7\text{-}41)$$

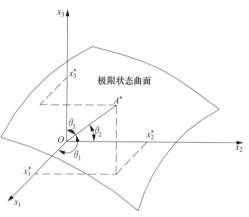

图 7-6　可靠度指标的几何意义及验算点

$$\sigma_z = \sum_{i=1}^{n} \left(\frac{\partial g_X}{\partial X_i} \Big|_{X^*} \sigma_{X_i} \right)^2 \qquad (7\text{-}42)$$

从而可靠度指标可表示为

$$\beta = \frac{g_X(x_1^*, x_2^*, \cdots, x_n^*) + \sum_{i=1}^{n} \dfrac{\partial g_X}{\partial X_i} \Big|_{X^*} (\mu_{X_i} - x_i^*)}{\sum_{i=1}^{n} \left(\dfrac{\partial g_X}{\partial X_i} \Big|_{X^*} \sigma_{X_i} \right)^2} \qquad (7\text{-}43)$$

由可靠度指标的几何意义，验算点和可靠度指标之间具有的关系为

$$x_i^* = \mu_{X_i} + \beta \sigma_{X_i} \cos\theta_i \qquad (7\text{-}44)$$

在标准化正态空间中，由其中的几何关系可以得到极限状态曲面在假定验算点 X^* 处法线方向的余弦 $\cos\theta_i$ 为

$$\cos\theta_i = - \frac{\dfrac{\partial g_X}{\partial X_i} \Big|_{X^*} \sigma_{X_i}}{\left[\sum_{i=1}^{n} \left(\dfrac{\partial g_X}{\partial X_i} \Big|_{X_i} \sigma_{X_i} \right)^2 \right]^{1/2}} \qquad (7\text{-}45)$$

根据可靠度指标的定义及可靠度指标的几何意义，验算点与可靠度指标之间具有的关系为

$$x_i^* = \mu_{X_i} + \beta \sigma_{X_i} \cos\theta_i$$

若已知基本随机变量的均值和方差，则可以根据以上的式子求出 β 的值，但预先不知道验算点，因此在展开成泰勒级数时，必须先假定一个验算点，如基本随机变量的均值点，计算过程中用迭代法逐步逼近真正的验算点，修正所得到的 β 值，直到得到满意的结果。具体计算步骤如下。

（1）假设 x_i^* 的初值，一般取为均值点 $x_i^* = \mu_{X_i}$。

（2）计算值 $\dfrac{\partial g_X}{\partial X_i} \Big|_{X^*}$。

（3）由公式计算 β。

（4）利用 x_i^* 初值，代入公式，计算 $\cos\theta_i$。

（5）将所得的 β 值代入公式，求出新的验算点 x_i^* 值。

（6）重复（2）～（5）的步骤，直到前后两次求得的 β 值相差小于要求的精度为止。

当基本变量为多维正态分布时，可以由上述计算步骤在正态空间上直接求得可靠度指标 β，估计工程结构的失效概率。但是，在工程结构的极限状态方程中，常包括非正态分布的基本随机变量。对于这种极限状态方程的可靠度分析，一般要把非正态随机变量当量化或等概率变换为正态随机变量，然后在正态空间进行分析。

6. Monte-Carlo 模拟法

Monte Carlo 法又称为随机抽样法、概率模拟法或统计试验法。该法是通过随机模拟统计试验来解可靠指标的近似数值方法，由于它是以概率论和数理统计理论为基础的，因而被一些物理学家用举世闻名的赌城蒙特卡洛（Monte Carlo）来命名[10、19~21]。Monte Carlo的基本思想是：某事件的概率分布可以用大量试验中该事件发生的频率来估算，当样本容量足够大时，可以认为该事件发生的频率即为其概率。因此，蒙特卡罗法可以通过大量简单的重复抽样，然后把这些抽样值代入功能函数式，确定结构失效与否，最后从中求得结构的失效概率。

用 Monte-Carlo 法确定可靠指标 β 值的一般步骤如下。

蒙特卡罗法解题的关键是求已知分布的变量的随机数。为了快速、高精度地产生随机数，通常分两步进行。首先产生在开区间（0，1）上的均匀分布随机数，然后在此基础上再变换成给定分布变量（如正态分布、对数正态分布或极值 I 型）的随机数。计算结构的失效概率。

设基本量 x_i 互不相关，对应的分布函数分别为 $F_{x_i}(x)(i=1,2,\cdots,n)$，而安全余量的表达式为 $Z=g(x_1,x_2,\cdots,x_n)$，则计算工程结构的可靠指标 β 的过程如下。

（1）设总抽样次数为 N，首先计算第 J 次随机抽样后各基本变量的分位值为

$$x_{ij}(i=1,2,\cdots,n;j=1,2,\cdots,N)$$
$$x_{ij}=F_{x_i}^{-1}(\mu_{ij})(i=1,2,\cdots,n;j=1,2,\cdots,N) \tag{7-46}$$

式中　x_{ij}——第 J 次随机抽样后基本变量 x_i 的分位值（i=1，2，…，n；j=1，2，…，N）；

μ_{ij}——（0，1）区间的均匀分布随机数（i=1，2，…，n；j=1，2，…，N）。

（2）用基本变量的分位值 x_{ij}，计算第 J 次随机抽样后工程结构的安全余量（i=1，2，…，n；j=1，2，…，N）：

$$Z_j=g(x_{1j},x_{2j},\cdots,x_{nj}) \quad (j=1,2,\cdots,N) \tag{7-47}$$

（3）大批抽样后，若在总抽样次数 N 中，工程结构的安全余量值小于零的次数为 L，则工程结构的失效概率为

$$P_f=P\{g(x_1,x_2,\cdots x_n)\leqslant 0\}=L/N \tag{7-48}$$

通常失效概率 P_f 的计算精度与取样次数 N 有关，模拟次数 N 越大，精度越高。为了确保足够的精度，一般要求总抽样次数 N 必须满足

$$N \geqslant 100/P_{f0} \tag{7-49}$$

式中：P_{f0} 为预先估计的工程结构失效概率。由于 P_f 一般很小，因此 N 值有时必须达到十万次以上，这个要求采用计算机分析时不是遇到困难，就是花费过多的时间。

（4）由式（7-6）计算工程结构的可靠度 P_s。

（5）由式 $\beta = \Phi^{-1}(P_s)$ 计算工程结构的可靠指标 β。

MonteCarlo 法以概率论和数理统计中的大数定理为理论基础，只需随机抽样次数足够多，就会得出相当精确的结果。Monte-Carlo 法的最大优点在于它不论极限状态方程怎样复杂，其基本变量怎样分布，只要有足够多的模拟次数，就能得出一个相对精确的失效概率值。另外，Monte-Carlo 法还可与目前工程技术领域应用极广的有限元方法耦合。近似模拟有限元计算结果的分布形式或直接计算失效概率。然而，Monte-Carlo 法的不利之处在于：利用 Monte-Carlo 法进行可靠性分析时，由于实际工程的失效概率均较小，这样在确保精度的前提下，势必会增加模拟次数，其耗费的机时过多，费用较高，只适合在大型的、重要的边坡分析中推广使用；此外，Monte Carlo 法须知道输入参数的分布形式，且难以全面地考虑各随机变量间的相关性[22]。

综上所述，以上各种方法都存在其优点和不足。笔者将深基坑土钉支护结构的可靠度分析作为研究对象。若要同时考虑参数的相关性及其分布形式，显然 JC 法和实用分析法均能满足要求，其区别在于实用分析法具有计算时比 JC 法更简便的特点，且其精度又能够满足工程的需要，因此笔者拟采用实用分析法进行结构可靠度的分析研究。但是，作者目前尚未见过有人将实用分析方法应用于基坑可靠度分析，为了证实该方法的适用性，笔者拟采用 Monte-Carlo 法，在一定精度程度求解支护结构的可靠度，通过对比两种方法的计算结果，提高本书基坑支护结构可靠度分析成果的可信度。

7.2　CM 桩复合地基可靠度分析过程

7.2.1　荷载效应[23][24]

1. 荷载的代表值

在按设计统一标准给出极限状态表达式进行结构构件设计时，对于不同的设计表达式和荷载组合情况，荷载应采用不同的代表值。荷载的代表值有标准值、准永久值和组合值。

（1）荷载标准值 Q_k。各种荷载的标准值是指建筑结构在正常情况下，比较有可能出现的最大荷载值，是建筑结构各类极限状态设计时采用的荷载基本代表值。荷载标准值可以由统一设计基准期荷载最大概率分布 $F_M(x)$ 的某一分位数表示。考虑到概率设计法在我国初次应用，为了使采用统一标准设计与以往的设计在经济指标上不至于有过大的波动，《建筑结构可靠度设计统一标准》中荷载标准值仍用现行《建筑结构荷载规范》（GB 5009）规定的数值，仅对个别不合理的地方作了调整。

（2）荷载准永久值 $\Psi_q \cdot Q_k$。荷载准永久值是可变荷载在正常使用极限状态按长期效应组合设计时采用的荷载代表值。可变荷载的准永久值一般按在设计基准期内荷载达到和超过该值的总持续时间 T_q 与设计基准期 T 之比为一较大值的原则确定。在《建筑结构可靠度设计统一标准》中，对于楼面活荷载、风荷载、雪荷载等该比值取为 0.5，即 $T_q/T=0.50$。

荷载的准永久值实际上是考虑荷载长期作用效应因而对标准值的一种折减，可记为 $\Psi_q \cdot Q_k$，其中折减系数 Ψ_q 称为准永久值系数，可表示为

$$\Psi_q = \frac{\text{荷载的准永久值}}{\text{荷载的标准值}} \leqslant 1$$

2. 荷载组合值

两种或两种以上的可变荷载同时出现其标准值的概率很小，因此，当结构承受两种或两种以上可变荷载时，在承载能力极限状态基本组合和正常使用极限状态短期效应组合设计中采用荷载的组合值，记为 $\Psi_c \cdot Q_k$。Ψ_c 为组合值系数，是小于 1 的折减系数。《建筑结构可靠度设计统一标准》中的组合系数 Ψ_c 的取值是以使各种同荷载组合下结构构件的可靠指标达到尽可能一致的原则来确定的。

由于作用在复合地基表面的荷载主要来源于上部结构，故可以近似地采用上部结构荷载的概率分布特征来作为复合地基荷载的概率分布特征，而忽略荷载在传递到复合地基表面过程中概率分布特征的变化。

(1) 恒载。恒载属于永久性荷载，可以不考虑随时间的变化，故可以直接采用随机变量概率模型描述其统计规律。恒载的设计基准期最大值分布与其任意时点分布相同，根据《建筑结构可靠度设计统一标准》的内容，恒载任意点分布为正态分布，因此恒载的设计基准期最大值分布也是正态分布。根据分析统计，恒载的均值为 $\mu_G=1.060G_k$，标准差为 $\sigma_G=0.074G_k$，其中 G_k 为现行规范规定的荷载标准值，故变异系数 $\delta_G=0.070G_k$。

(2) 民用楼面活荷载。

1) 持久性活荷载。楼面活荷载分为办公室和住宅两方面。

办公楼楼面持久活荷载的任意时点概率分布，根据统计分析得出其为极值 I 型分布，分布函数为

$$F_{L_t} = \exp\left[-\exp\left(-\frac{x-306.0}{138.9}\right)\right] \tag{7-50}$$

住宅楼面持久活荷载的任意时点概率分布同样为极值 I 型分布，分布函数为

$$F_{L_t} = \exp\left[-\exp\left(-\frac{x-430.7}{126.2}\right)\right] \tag{7-51}$$

2) 临时性活荷载。办公楼楼面临时性活荷载设计基准期内最大值服从极值 I 型分布，分布函数为

$$F_{L_{rs}T} = \exp\left[-\exp\left(-\frac{x-551.0}{190.0}\right)\right] \tag{7-52}$$

住宅楼楼面临时性活荷载设计基准期内最大值也服从极值 I 型分布，分布函数为

$$F_{L_{rs}T} = \exp\left[-\exp\left(-\frac{x-670.8}{196.6}\right)\right] \tag{7-53}$$

(3) 风荷载。风荷载取设计基准其内的最大值，分布类型假定与风压相同，根据《建

筑结构可靠度设计统一标准》，它服从极值Ⅰ型分布，有

$$F_{W_T'} = \exp\left[-\exp\left(-\frac{x - 1.012W_k}{0.167W_k}\right)\right] \tag{7-54}$$

其统计参数为：均值 $\mu_{Q风}=1.109W_k$，方差 $\sigma_{Q风'}=0.214W_k$，故变异系数 $\delta_{Q风'}=0.913$。考虑风向时，其分布函数为

$$F_{W_T} = \exp\left[-\exp\left(-\frac{x - 0.914W_k}{0.151W_k}\right)\right] \tag{7-55}$$

其统计参数为：均值 $\mu_{Q风}=0.999W_k$，方差 $\sigma_{Q风'}=0.214W_k$，故变异系数 $\delta_{Q风'}=0.193$。其中 W_k 为现行规范规定的风荷载标准值。

（4）雪荷载。根据统计，基准期内雪荷载最大值服从极值Ⅰ型分布，其概率分布函数为

$$F_{S_T} = \exp\left[-\exp\left(-\frac{x - 1.024S_k}{0.199S_k}\right)\right] \tag{7-56}$$

相应的统计参数为：均值 $\mu_{Sr}=1.140S_k$，方差 $\sigma_{Sr}=0.256S_k$，故变异系数 $\delta_{Q雪}=0.225$。其中 S_k 为基准期内统计的最大雪压值。

3. 荷载效应的组合

当结构上同时作用着多种可变荷载时，它们一般不能同时以其在设计基准期内的最大值出现，因此在结构或构件的荷载效应方面就存在着如何组合的问题。在建筑结构设计中，除地震作用需专门考虑外，常见的荷载有恒载 G、楼面持久性荷载 $\dot{L}_i(t)$、楼面临时活荷载 $L_r(t)$、风荷载 $W_T(t)$ 和雪荷载 $S_T(t)$。在实际结构中上述五种荷载不一定都同时出现，当不考虑雪荷载时，可以得到下列三种组合形式

$$S_{M_1} = S_{M_2} = S_G + S_{L_t T} + S_{L_{rs}} + S_w$$
$$S_{M_3} = S_G + S_{L_t} + S_{L_{rs} T} + S_w$$
$$S_{M_1} = S_G + S_{L_t} + S_{L_{rs}} + S_{wT}$$

对于无风的情况可得下列三种组合形式

$$S_{M_1} = S_{M_2} = S_G + S_{L_t T} + S_{L_{rs}} + S_{ST}$$
$$S_{M_3} = S_G + S_{L_t} + S_{L_{rs} T} + S_S$$
$$S_{M_5} = S_G + S_{L_t} + S_{L_{rs}} + S_S$$

只有恒载和楼面活荷载时，仅有两种组合形式

$$S_{M_1} = S_{M_2} = S_G + S_{L_t T} + S_{L_{rs}}$$
$$S_{M_3} = S_G + S_{L_t} + S_{L_{rs} T}$$

当只有荷载和风载时只有一种组合形式

$$S_{M_1} = S_{M_4} = S_G + S_{wT}$$

当只有恒载和雪荷载时也只有一种组合形式

$$S_{M_1} = S_{M_5} = S_G + S_{ST}$$

以上就是建筑结构五种常见荷载的十四种荷载组合的效应 S_{M_i}，他们对应的极限状态方程为 $R - S_{M_i} = 0$。

7.2.2　失效模式的分析

通过对北方黄土以及一些软弱土地区的复合地基工程现场静载荷试验的承载力破坏情况的调查分析研究，不难发现复合地基承载力破坏形式一般可分为以下三种模式[24]。

（1）先发生桩体破坏，然后导致复合地基的破坏。

（2）先发生桩间土破坏，进而发生桩体的破坏，最后导致复合地基的破坏。

（3）桩体与桩间土同时发生破坏，从而导致复合地基的破坏。

试验后的开挖表明，大部分桩体均有被压碎的现象，这说明桩体破坏发生在土体破坏之前，也就是桩体先破坏，继而引起复合地基的全面破坏。并且据统计，属第（1）种破坏形式的占 90% 以上，只有少量的属第（2）种破坏形式，没有发现第（3）种情况的破坏形式。

可见，粉喷桩复合地基承载力的可靠度分析应采用以桩体先发生破坏为主要特征来进行，其承载力的计算可以采用面积比公式。但是在进行概率分析时还要考虑复合地基其他不确定性的影响，即考虑计算模型的不确定性，这时承载力公式可修正为

$$f_{spk} = I\left[\frac{\eta_c m_c R_{ac}}{A_{pc}} + \frac{\eta_m m_m R_{am}}{A_{pm}} + \eta_s(1 - m_c - m_m)f_{sk}\right] \tag{7-57}$$

7.2.3　功能函数的建立

首先根据承载力极限状态，设功能函数仅与荷载效应 S 和结构抗力 R 两个随机变量有关，则功能函数为

$$Z = g(S,R) = R - S \tag{7-58}$$

式中 S 为荷载效应组合，有

$$S = S_G + S_Q \tag{7-59}$$

S_Q 为各种活载的荷载效应组合，包括风荷载、雪荷载和楼面活荷载。根据《建筑结构可靠度设计统一标准》规定荷载组合原则可知，荷载设计基准期内，楼面活荷载考虑以下两种组合方式：第一种是持久性活荷载在设计基准期内的最大值加上临时性活荷载任意时点分布值；第二种是持久性活荷载任意时点分布值加上临时性活荷载在设计基准期内的最大值。

7.2.4　结构抗力 R

功能函数中的 R 指的是所研究结构抗力，是指结构处于极限状态时抵抗破坏或变形的能力，包括极限内力、极限强度、刚度以及抗滑力、抗倾力矩等。复合地基承载力极限状态的功能函数中，结构抗力 R 指的是复合地基的极限承载力。

7.2.5　极限状态方程的确定

对于各种类型的复合地基，由于材料、受力以及破坏状态的不同，极限状态方程也不尽相同，根据桩材料的不同对极限状态方程作以下分类[25~27]。

$$Z = g(S,R) = R - S = f_{spk} - S_G - S_Q \tag{7-60}$$

即极限状态函数为

$$Z = I\left[\frac{\eta_c m_c R_{ac}}{A_{pc}} + \frac{\eta_m m_m R_{am}}{A_{pm}} + \eta_s(1 - m_c - m_m)f_{sk}\right] - S_G - S_Q = 0 \quad (7-61)$$

式中 f_{sk}——桩间土承载力标准值。根据太沙基公式可知，桩间土承载力为

$$f_{sk} = \frac{1}{2}\gamma b N_\gamma + \gamma_0 d N_q + c N_c \quad (7-62)$$

其中：N_γ，N_q，N_c 为承载力因素，分别为 φ 的函数，即

$$N_q = e^{\pi\tan\varphi} \cdot \tan^2\left(45 + \frac{\varphi}{2}\right) \quad (7-63)$$

$$N_c = (N_q - 1)\text{ctan}\varphi \quad (7-64)$$

$$N_\gamma = 1.8 N_c \tan^2\varphi \quad (7-65)$$

方程中的参数可以分为以下五类。

第一类为几何尺寸，此类参数设计中已确定，施工后变异性很小，因此可以看作常量，这些参数包括桩身周边长度 S_0、桩长 L_i、桩身横截面积 A、基础宽度 B、基础埋深 D 和基础长度 L。由于这些参数一般能事先确定，因此施工后变异性很小，可视为常量。

第二类为土性指标，包括土的重度 γ 和抗剪强度指标 c、φ。因为土的重度变异性很小，一般当作常量处理。抗剪强度指标 c、φ 为随机变量，假定服从正态分布。

第三类为荷载效应，作用于基础上的荷载效应是从上部结构传递下来，其概率特征符合《建筑结构可靠度设计统一标准》的规定：恒载效应 S_G 服从正态分布，变异系数 $\delta_G = 0070$；活载效应服从极值 I 型分布，对于办公楼，变异系数 $\delta_{Q办} = 0.288$，对于住宅变异系数 $\delta_{Q住} = 0.233$。

第四类为设计参数，包括复合地基置换率 m、桩间土极限强度发挥度 λ、修正系数 K 和桩身强度折减系数 η，这些参数在复合地基的设计中已经根据不同情况加以确定，可以认为是常数。

第五类是与复合地基中与增强体有关的参数，包括刚性桩的侧摩阻力 f 和桩端极限承载力 R，柔性桩中的水泥土立方体抗压强度 f_{cu}，加筋土中筋材的抗拉强度 p。影响 f、R 不确定性的因素很多，包括土层厚度的不确定性、土层物理指标的测定误差、成桩过程对土层的影响等等，假定其服从正态分布。f_{cu} 和 p 假定服从对数正态分布。

7.3 复合地基承载力可靠指标计算公式

粉喷桩复合地基承载力的极限状态方程为式（7-61），式中基本变量的统计特征见表 7-4[28~31]。

表 7-4 **基本变量的统计特征**

基本变量	符号	名称	分布	平均值	标准差
X_1	f_P	单桩极限承载力（kPa）	正态	μ_{fP}	ρ_{fP}
X_2	γ_B	地基土的重度（kN/m³）	正态	$\mu_{\gamma B}$	$\rho_{\gamma B}$

基本变量	符号	名称	分布	平均值	标准差
X_3	γ_D	基础底面以上土层的平均重度（kN/m³）	正态	$\mu_{\gamma D}$	$\rho_{\gamma D}$
X_4	c	地基土的黏聚力（kPa）	正态	μ_c	ρ_c
X_5	φ	地基土的内摩擦角（°）	正态	μ_ϕ	ρ_ϕ
X_6	S_G	恒载效应（kPa）	正态	μ_{SG}	ρ_{SG}
X_7	S_Q	活载效应（kPa）	极值 I 型	μ_{SQ}	ρ_{SQ}

（1）假定设计验算点的坐标值

令

$$x_i^* = \mu_{x_i} = \bar{x}_i \tag{7-66}$$

即

$$x_1^* = \mu_{x_1} = \mu_{f_p}, \quad x_2^* = \mu_{x_2} = \mu_{\gamma_B}, \quad x_7^* = \mu_{x_7} = \mu_{S_Q} \tag{7-67}$$

（2）由于 S_Q 为极值 I 型分布，要换算为当量正态分布。

当量正态分布的标准差为

$$\sigma_{S_Q'} = \frac{\varphi[\Phi^{-1} F_1(\mu_{S_Q})]}{f_1(\mu_{S_Q})} \tag{7-68}$$

由于极值 I 型的方差 $V(x) = \dfrac{1}{\alpha^2} \dfrac{\pi^2}{6}$，而 $V(\bullet) = \sigma_{S_Q}^2$，所以分布参数

$$\alpha = \frac{\pi}{\sqrt{6}\sigma_{S_Q}}, u = \mu_{S_Q} - \frac{0.57722}{\alpha} \tag{7-69}$$

因此，在假定验算点 x_7^* 处，极值 I 型分布的概率密度函数和概率分布函数分别为

$$f_1(x_7^*) = f_1(\mu_{S_Q}) = \alpha \exp[-\alpha(x_7^* - u)]\exp\{-\exp[-\alpha(x_7^* - u)]\}$$

$$= \alpha e^{-\alpha(x_7^* - u)} \exp[-e^{-\alpha(x_7^* - u)}] \tag{7-70}$$

$$F_1(x_7^*) = F_1(\mu_{S_Q}) = \exp\{-\exp[-\alpha(x_7^* - u)]\} \tag{7-71}$$

令 $A = e^{-\alpha(x_7^* - u)}$，则有

$$f_1(x_7^*) = \alpha A e^{-A} F_1(x_7^*) = e^{-A} \tag{7-72}$$

于是，由公式 $\mu_{SQ} = \rho \dfrac{\mu_{P_c}}{(1+\rho)K}$ 可求得标准差 $\sigma_{S_Q'}$，又由

$$\mu_{S_Q'} = x_7^* - \Phi^{-1}[F_1(x_7^*)]\sigma_{S_Q'} \tag{7-73}$$

可求得平均值。

（3）计算方向余弦。

$$\frac{\partial g}{\partial x_1}\bigg|_{P^*} = \frac{\partial g}{\partial f_P}\bigg|_{P^*} = m$$

$$\frac{\partial g}{\partial x_2}\bigg|_{P^*} = \frac{\partial g}{\partial \gamma_B}\bigg|_{P^*} = \lambda(1-m)\frac{1}{2}\overline{N_\gamma}B = \frac{1}{2}\lambda B(1-m)\overline{N_\gamma}$$

$$\frac{\partial g}{\partial x_3}\bigg|_{P^*} = \frac{\partial g}{\partial \gamma_D}\bigg|_{P^*} = \lambda(1-m)D\overline{N_q}$$

$$\frac{\partial g}{\partial x_4}\bigg|_{P^*} = \frac{\partial g}{\partial C}\bigg|_{P^*} = \lambda(1-m)\overline{N_C}$$

$$\frac{\partial g}{\partial x_5}\bigg|_{P^*} = \frac{\partial g}{\partial \varphi}\bigg|_{P^*} = \lambda(1-m)\left(\frac{1}{2}\mu_{\gamma_b}B\frac{\partial N_\gamma}{\partial \varphi} + \mu_C\frac{\partial N_C}{\partial \varphi} + \mu_{\gamma_D}D\frac{\partial N_q}{\partial \varphi}\right)$$

$$\left.\frac{\partial g}{\partial x_6}\right|_{P^*}=\left.\frac{\partial g}{\partial S_G}\right|_{P^*}=-1$$

$$\left.\frac{\partial g}{\partial x_7}\right|_{P^*}=\left.\frac{\partial g}{\partial S_Q}\right|_{P^*}-1$$

其中 $\overline{N_\gamma}$，$\overline{N_q}$，$\overline{N_C}$，$\dfrac{\partial N_C}{\partial\varphi}$，$\dfrac{\partial N_\gamma}{\partial\varphi}$，$\dfrac{\partial N_q}{\partial\varphi}$ 的计算，可求得 $\dfrac{\partial g}{\partial x_i}\mid_P \cdot \sigma_{x_i}$（$i=1,2,\cdots,7$）的值，值得注意的是 σ_{X_i} 应取 $\sigma_{S_{Qi}}{}'$。

故各方向余弦为

$$\cos\theta_i=\frac{-\left(\left.\dfrac{\partial g}{\partial x_i}\right|_{P^*}\sigma_{|x_i|}\right)}{\left[\sum\limits_{i=1}^{7}\left(\left.\dfrac{\partial g}{\partial x_i}\right|_{P^*}\sigma_{x_i}\right)^2\right]\dfrac{1}{2}} \quad (i=1,2,\cdots,7) \tag{7-74}$$

（4）以 $\cos\theta_i$，μ_{x_i}，σ_{x_i} 分别代入下式来计算验算点的坐标。

$$x_i^*=\mu_{x_i}+\beta\sigma_{x_i}\cos\theta_i(i=1,2,\cdots,7) \tag{7-75}$$

将各 x_i^* 代入极限状态方程，用试算法可解出可靠性指标 β，作为 β_1。

（5）将解得的 β_1 代入上式求各 x_i^*。

（6）重复步骤（2）～（4）解出新的可靠指标 β_2，若 $|\beta_2-\beta_1|\leqslant$ 允许误差，则计算结果。否则重复上述（5）、（6）步，直到满足这个条件为止。

本 章 参 考 文 献

［1］ 徐军，邵军，郑颖人. 遗传算法在岩土工程可靠度分析中的应用［J］. 岩土工程学报，2000（05）：586-589.

［2］ 张高宁. 岩土工程的可靠度研究浅述［J］. 水文地质工程地质，2000（01）：26-28.

［3］ 丁梅文，贾超. 岩土工程可靠度评价的概率区间估计［J］. 安徽建筑工业学院学报（自然科学版），2010（02）：26-28.

［4］ 程晔，周翠英，文建华，黄林冲. 基于响应面与重要性抽样的岩土工程可靠度分析方法研究［J］. 岩石力学与工程学报，2010（06）：1263-1269.

［5］ 姚海慧，张玲，侯晓兵. 深基坑土钉支护结构整体抗拔可靠度分析［J］. 人民黄河，2010（10）：132-133.

［6］ 龚文惠，雷红军，陈玉国. 基于有限元法的岩土工程可靠度分析［J］. 华中科技大学学报（城市科学版），2007（03）：17-20.

［7］ 杨海菲，杨仕教，曾晟. 岩土工程可靠度计算方法研究［J］. 水利与建筑工程学报，2008（02）：28-31，34.

［8］ 刘树庆. 岩土工程的可靠度研究［J］. 北方交通，2008（07）：31-32.

［9］ 谭晓慧. 边坡稳定的非线性有限元可靠度分析方法研究［J］. 岩石力学与工程学报，2008（08）：1728.

［10］ 吴振君，汤华，王水林，葛修润. 岩土样本数目对边坡可靠度分析的影响研究［J］. 岩石力学与工程学报，2013（S1）：2846-2854.

［11］ 左育龙，朱合华，李晓军. 岩土工程可靠度分析的神经网络四阶矩法［J］. 岩土力学，2013（02）：513-518.

[12] 苏永华，罗正东，杨红波，谢志勇. 基于响应面法的边坡稳定逆可靠度设计分析方法 [J]. 水利学报，2013（07）：764-771.

[13] 王欢，蒋水华，李典庆. 基于 NESSUS 与 ANSYS 的地下洞室可靠度分析 [J]. 武汉大学学报（工学版），2013（05）：615-620.

[14] 谢桂华. 岩土参数随机性分析与边坡稳定可靠度研究 [D]. 中南大学，2009.

[15] 张文居，赵其华，刘晶晶. 参数变异性对抗滑桩锚固深度可靠度的影响分析 [J]. 水文地质工程地质，2006（03）：61-63.

[16] 李胡生，熊文林. 岩土工程稳定性有限元分析的随机-模糊可靠度算法 [J]. 水利学报，2006（10）：1235-1241.

[17] 包承纲. 可靠分析方法在岩土工程中的应用 [J]. 人民长江，1996（05）：1-5，47.

[18] 闫强刚，张敬志，闫韶兵，冯紫良. 复杂条件下岩土工程的可靠度分析 [J]. 勘察科学技术，2001（02）：31-35.

[19] 陈立宏，陈祖煜. 岩土工程中的安全系数和可靠度 [J]. 水利规划设计，2002（02）：57-62.

[20] 赵志勇，霍新雯. 岩土工程可靠度计算方法研究 [J]. 华章，2011（31）：348.

[21] 陆舟. 可靠度指标优化计算法在岩土工程可靠度研究中的应用 [J]. 岩土工程界，2004（01）：47-49.

[22] 徐军，马家蓉. 岩土工程可靠度基本理论研究的若干问题 [J]. 四川建筑，2009（06）：100-102，106.

[23] 郭秋菊. 碎石桩复合地基承载力可靠性研究 [D]. 华中科技大学，2005.

[24] 黄培荣. 复合桩基承载力和沉降变形的可靠度研究 [D]. 华侨大学，2004.

[25] 李早. 复合地基承载力可靠性分析与设计的研究 [D]. 西安建筑科技大学，2004.

[26] 唐朝晖. 石灰岩矿山地质环境风险分析与管理研究 [D]. 中国地质大学，2013.

[27] 吴振君，葛修润，王水林. 考虑地质成因的土坡可靠度分析 [J]. 岩石力学与工程学报，2011（09）：1904-1911.

[28] 谢晓莉. 夯实水泥土桩复合地基可靠度分析 [D]. 河北工业大学，2006.

[29] 陈建丽. 黄土粉喷桩复合地基承载力可靠度分析 [D]. 西安建筑科技大学，2006.

[30] 廖瑛，朱晓宇. 基坑支护结构稳定性评价方法对比研究 [J]. 科学技术与工程，2014（07）：268-272.

[31] 武登辉. 岩土参数不确定性研究及工程应用 [D]. 浙江大学，2012.

第八章

CM桩复合地基应用实例

8.1 CM桩复合地基设计实例

8.1.1 工程概况

某小区位于软弱土地基地区[1]。其住宅楼平面形状如图 8-1 所示。两侧塔楼高 12 层，中间附房 2 层。塔楼平面尺寸为（29.04×13.84）m^2。土层分布及各土层土体物理力学指标见表 8-1。

8.1.2 CM桩复合地基参数选取

CM 桩复合地基构造设计主要有布桩、桩间距、桩径、桩长、桩体强度、褥垫层厚度及材料等几个主要的设计参数。

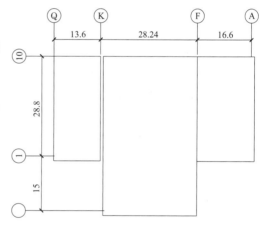

图 8-1 平面布置示意图

表 8-1 典型工程地质物理力学指标

层数	土层名称	平均厚度（m）	含水量（%）	天然密度（kN/m³）	C（kPa）	Φ（度）	E_s（MPa）	地基承载力标准值（kPa）	摩擦力标准值（kPa）
1	杂填塘泥	2							
2	粉质黏土	1.5	30.4	19.2	26.5	16	4.43	120	16
3-1	淤泥粉质黏土	4.2	42.1	18.4	16	11	2.48	70	8
3-2	淤泥粉质黏土	5.1	37.1	18.6	7	17	3.11	70	8
3-3	淤泥粉质黏土	11.5	42.5	17.8	8.5	15	2.65	70	10
3-4	淤泥粉质黏土	11	38.3	13	8	19	2.79	80	12
3-5	贝壳土	2.2	44.8	—	—	17.5	2.81	80	15
6-2	黏土（圆砾）	3	—	—	—	20		90（300）	18（50）
7	强中风化岩石	—	—	—	—				50

113

1. 布桩

平面上纵横向间隔布置刚性长桩与水泥土短桩，可以按三角形或矩形布置，特殊情况也可用其他形式布置。桩的平面布置，可以只布置在基础范围内，在建筑周边宜布置刚性长桩。

2. 桩间距

CM桩复合地基桩距应根据设计要求的复合地基承载力、建筑物控制沉降量、土的性质、施工工艺等确定。一般来说桩间距宜为3～6倍的桩径，设计要求的承载力大时取小值[2]。设计时桩距首先要满足承载力和变形量的要求。从施工角度考虑，尽量选用较大的桩距，以防止新打桩对已打桩的不良影响，这样也能充分调动桩间土的承载能力。

就土的挤（振）密性而言，可将土分为以下几类。
（1）挤（振）密效果好的土，如松散粉细砂、粉土、人工填土等。
（2）可挤（振）密土，如不太密实的粉质黏土。
（3）不可挤（振）密效果好的土，如饱和软黏土或密室度很高的黏性土、砂土等。
施工工艺可分为以下两大类。
（1）对桩间土产生挠动或挤密的施工工艺，如长螺旋钻孔灌注桩属于挤土成桩工艺。
（2）对桩间土不产生挠动或挤密的施工工艺，如振动沉管打桩机成孔制桩，属于非挤土成桩工艺。

对于施工工艺和土的挤密性来说，为了防止对桩间土的挠动，采用挤土成桩工艺和不可挤密土宜采用较大的桩距。在满足承载力和变形要求的前提下，可以通过调整桩长来调整桩距，桩越长，桩间距越大。

选定施工工具后刚性长桩桩间距宜满足表8-2中的最小中心距离。

表8-2　　　　　　　　　　　　　刚性长桩桩间距的要求

成桩工艺	最小中心距离
非挤土灌注桩	$3.0d$
挤土灌注桩	$3.5d\sim4.0d$

注：d 为桩径。

当刚性长桩在地基基础补强工程中时，宜视施工方法确定桩距，采用沉管夯扩灌注桩时最小中心距还应满足大于 $2D$（D 为扩大端直径）的要求。当在饱和黏性土中挤土成桩时，桩距不宜小于4倍桩径，一般和亚刚性桩采用等距离布置[2]。

3. 桩径

刚性长桩桩径宜取 $300\sim600mm$，亚刚性桩桩径取 $400\sim700mm$ 为宜。桩径太小，成桩的质量在施工上难以保证；桩径太大，土的置换率就小，这样不能充分发挥桩间土的承载作用，需加大褥垫层的厚度才能保证桩和桩间土的共同承担上部结构传来的荷载。为施工方便，长短桩的桩径可以一样，也可以不一样。

4. 桩长

桩长设计除满足变形计算要求外，在强度计算中计算桩长也不宜大于桩的有效长度。桩长同地基的土层有较大关系，桩体具有较强的置换作用，其他参数相同，桩越长、桩土荷载分担比（桩承担的荷载占总荷载的百分比）越高。CM 桩复合地基要求刚性长桩必须落在好的土层上，因为刚性长桩是承载力的主要承担者，控制着建筑物的总沉降量，刚性长桩是否能充分发挥作用是 CM 桩复合地基设计的核心和关键。刚性长桩的长度取决于建筑物对承载力和变形的要求、地质条件和设备能力等因素。亚刚性桩也应该进入较好的土层，这样才能使刚性长桩和亚刚性桩都能获得较好的桩端阻力，刚性长桩在承载力方面的不足也可以用亚刚性桩来弥补，也可以避免场地岩性变化大可能导致建筑沉降不均匀。因此，设计时应根据勘察报告，详细分析各土层的地质构成情况，确定桩端持力层和桩长。

5. 桩体强度

桩体强度原则上混合料或混凝土试块（边长 150mm 立方体）标养 28d 无侧限抗压强度标准值按 3 倍桩顶平均应力 σ_p 确定[2]，即满足[3]

$$f_{cu} \geqslant 3\frac{R_k}{A_p} \tag{8-1}$$

式中　f_{cu}——桩体混合料或混凝土试块（边长 150mm 立方体）标养 28d 无侧限抗压强度标准值，kPa；

R_k——单桩竖向承载力标准值，kN；

A_p——桩的截面积，m^2。

6. 褥垫层

褥垫层的合理厚度宜为 100～300mm，褥垫层压缩模量取值应在 20～100MPa，褥垫层宜用粗砂、中砂、级配砂石，且碎石、级配砂石最大粒径不宜大于 25mm，级配应良好，不能含有植物残体，垃圾等杂质。当使用粉细砂时应掺入 25%～30%碎石或卵石，最大粒径不宜大于 30mm，且不宜单独采用卵石，因为卵石咬合力差，施工时挠动较大，褥垫层厚度不容易保证均匀。

8.1.3 CM 桩复合地基应用设计

经方案比较，决定采用 CM 桩复合地基。基础形式为筏板基础，在上述 CM 桩复合地基构造设计的分析研究基础上，决定刚性长桩采用钢筋混凝土灌注桩，桩径采用 $\phi500$，桩长 40.0m 左右，落在强风化、中风化岩层上。短桩采用 $\Phi600$ 亚刚性桩（水泥土桩），桩长取 9.0m。为了协调刚性长桩、亚刚性短桩和桩间土的变形，使其能共同承担上部荷载，在基础底板下设置碎石垫层。其剖面图如图 8-2 所示。

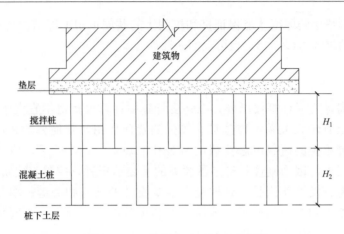

图 8-2　CM 桩复合地基剖面示意图

1. 承载力计算

钢筋混凝土灌注桩单桩承载力标准值可采用下式计算，其值为

$$
\begin{aligned}
R_{a1} &= U_p \sum q_{si} L_i + q_p A_p \\
&= 0.5\pi(8 \times 4.2 + 8 \times 5.1 + 8 \times 4.2 + 10 \times 11.5 + 11 \\
&\quad \times 12 + 2.2 \times 15 + 3 \times 44 + 50 \times 3) + \pi \times 0.25^2 \times 3000 \\
&= 1587.8(\text{kN})
\end{aligned}
$$

亚刚性桩单桩承载力特征值 R_{a2} 单桩竖向承载力特征值应通过现场载荷试验确定。初步设计时也可按式（9-2）所列桩周土和桩端土的抗力估算。并应同时满足式（9-3）所列桩身材料强度确定的单桩承载力计算，取其中较小者。

$$
R_a = u_p \sum_{i=1}^{n} q_{si} l_i + \alpha q_p A_p \tag{8-2}
$$

$$
R_a = \eta f_{cu} A_p \tag{8-3}
$$

本设计实例中，亚刚性桩桩端土为 3-2 层淤泥粉质黏土，桩端天然地基土承载力折减系数 α 取 0，即不计桩端阻力。则单桩承载力标准值为

$$
R_{a2} = u_p \sum_{i=1}^{n} q_{si} l_i + \alpha q_p A_p = 0.6\pi(8 \times 4.2 + 8 \times 4.8) = 135.6\text{kN}
$$

取 $R_{a2} = 135$kN，同时能满足式（8-2）、式（8-3）要求。

灌注桩和水泥土桩平面布置如图 8-3 所示。根据 CM 桩复合地基构造设计要求，均按 2618mm×3400mm 布置。一个塔楼基础底板尺寸为 30.84m×14.7m，一个塔楼基础布置长桩（钢筋混凝土灌注桩）44 根，短桩（亚刚性桩）60 根，其置换率分别为 $m_1 = 0.0191$、$m_2 = 0.037$。CM 桩复合地基承载力按下式计算，桩间土强度发挥系数取 $\beta_1 = 0.8$、$\beta_2 = 1.0$，本例为非挤土成桩工艺，故取桩间土承载力提高系数 $\alpha_1 = 1$、$\alpha_2 = 1$，则 $\gamma_2 = \alpha_1\beta_1 = 0.8$，$\alpha\beta = \alpha_1\alpha_2\beta_1\beta_2 = 0.8$，本例 CM 桩复合地基承载力特征值计算为

$$f_{\text{spk}} = m_1 \frac{R_{\text{a1}}}{A_{\text{p1}}} + \gamma_2 m_2 \frac{R_{\text{a2}}}{A_{\text{p2}}} + \alpha\beta(1 - m_1 - m_2)f_{\text{ak}}$$

$$= 0.0191 \times \frac{1587.8}{\pi \times 0.25 \times 0.25} + 0.8 \times 0.037 \times \frac{135}{\pi \times 0.3 \times 0.3}$$

$$+ 0.8 \times (1 - 0.0191 - 0.037) \times 70$$

$$= 154.45 + 14.13 + 52.86$$

$$= 221.4(\text{kPa})$$

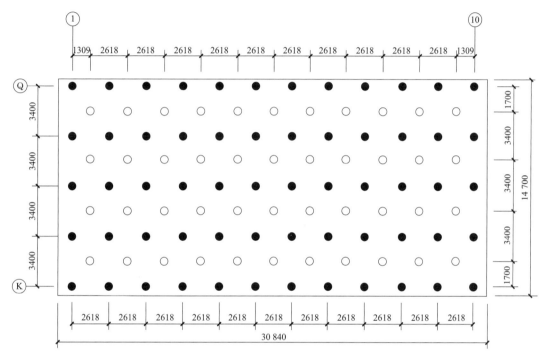

图 8-3 左侧塔桩位平面布置图

●—水泥土搅拌桩；○—混凝土桩

塔楼高 12 层，每层按 20kPa（框架结构每层荷载为 14～20kN/m²），总荷载为 240kPa。折算为底板压力为

$$p = \frac{240 \times 29.04 \times 13.84}{30.84 \times 14.7} = 212.8\text{kPa}$$

底板压力小于 CM 桩复合地基承载力，故承载力满足要求。

2. 沉降计算

沉降计算采用简化的 CM 桩复合地基的变形计算公式，即

$$S_{\text{c}} = \Psi(S_1 + S_2)$$

$$= \Psi \left[\sum_{i=1}^{n_1} \frac{p_0}{E_{\text{spi}}} (Z_i \bar{\alpha}_i - Z_{i-1} \bar{\alpha}_{i-1}) + \sum_{i=n_1+1}^{n_2} \frac{p_0}{E_{\text{spi}}} (Z_i \bar{\alpha}_i - Z_{i-1} \bar{\alpha}_{i-1}) \right] \qquad (8\text{-}4)$$

加固区 1、2 内的复合模量计算公式为

$$E_{\text{sp1}} = m_1 E_{\text{p1}} + m_2 E_{\text{p2}} + (1 - m_1 - m_2) E_{\text{s}} \qquad (8\text{-}5)$$

$$E_{\text{sp2}} = m_1 E_{\text{p1}} + (1 - m_1) E_{\text{s}} \qquad (8\text{-}6)$$

各土层复合模量计算结果见表 8-3。沉降计算结果见表 8-4。计算总沉降为 5.583mm。

表 8-3 各土层复合模量计算结果

土 层	m_1	E_{p1} (MPa)	m_2	E_{p2} (MPa)	E_{s} (MPa)	E_{sp1} (MPa)	E_{sp2} (MPa)
砂垫层							
3-1 层	0.0191	30 000	0.037	60	2.48	577.6	—
3-2 层	0.0191	30 000	0.037	60	3.11	578.2	—
3-3 层	0.0191	30 000	—	—	2.65	—	575.6
3-4 层	0.0191	30 000	—	—	2.79	—	575.7
3-5 层	0.0191	30 000	—	—	2.81	—	575.8
6-2 层	0.0191	30 000	—	—	20	—	592.6

表 8-4 沉 降 计 算 结 果

土层	Z_i(m)	L/B	Z_i/B	$4\,\overline{\alpha_i}$	$4Z_i\,\overline{\alpha_i}$	$4Z_i\,\overline{\alpha_i} - 4Z_{i-1}\,\overline{\alpha_{i-1}}$	E_{spi} (MPa)	p_0 (MPa)	ΔS_i (mm)	$\sum \Delta S_i$
	0	2.098	0	1	0			163.6	0	
砂垫层	0.15	2.098	0.02	0.9999	0.1499	0.1499	35	163.6	0.7	0.7
3-1 层	4.2	2.098	0.57	0.9824	4.126	3.9761	574.5	163.6	1.132	1.832
3-2 层	9.3	2.098	1.265	0.8995	8.365	4.239	575.1	163.6	1.205	3.037
3-3 层	20.8	2.098	2.829	0.6679	13.89	5.525	572.6	163.6	1.578	4.615
3-4 层	31.8	2.098	4.326	0.5169	16.43	2.54	572.7	163.6	0.725	5.34
3-5 层	34	2.098	4.625	0.494	16.796	0.366	572.75	163.6	0.104	5.444
6-2 层	37	2.098	5.034	0.4676	17.3	0.504	589.6	163.6	0.139	5.583

现通过中国建筑科学研究院开发的 PKPMCAD2007.08 版本，计算模拟整个工程筏板基础的沉降数值。通过建立本工程的计算模型，合理选取模型参数，得出计算结果如图 8-4 所示，可以看出，软件计算结果，工程主体沉降多为 7mm，比公式计算偏大，这可能是因为简化计算公式没有计算刚性长桩下卧层区域压缩量 S_3 的缘故。

实测沉降过程见表 8-5。实测沉降为 8.8mm，比计算值及 PKPM 应用软件数值计算结果均偏大。这是因为在计算沉降量中没有考虑相临基础的影响，当然也与计算模型、计算参数的合理性有关。

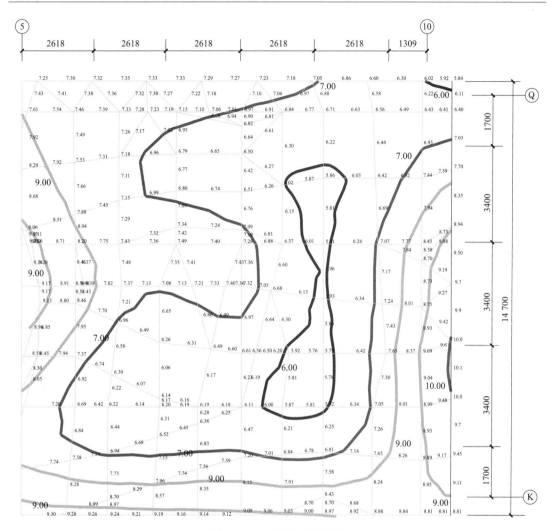

图 8-4 左侧塔基础沉降图

表 8-5 实 测 沉 降 过 程

观测次数	工程情况	最小累计沉降（mm）	最大累计沉降（mm）	平均沉降（mm）
1	地下室结构	0	0	0
2	一层结构	0	1	0.5
3	二层结构	1	2	1.5
4	三层结构	1	3	1.8
5	四层结构	2	4	3.5
6	五层结构	3	5	4.4
7	六层结构	4	6	5.0
8	七层结构	5	7	6.0
9	八层结构	5	7	6.1

观测次数	工程情况	最小累计沉降（mm）	最大累计沉降（mm）	平均沉降（mm）
10	九层结构	5	7	6.7
11	十层结构	5	8	7.2
12	十一层结构	6	8	7.4
13	十二层结构	7	8	8.0
14	屋面结构	7	9	8.6
15	装饰初期	7	9	8.8

8.1.4 可靠度程序设计

根据实用分析法，通过 VB 语言，编制计算程序，计算步骤如图 8-5 所示。

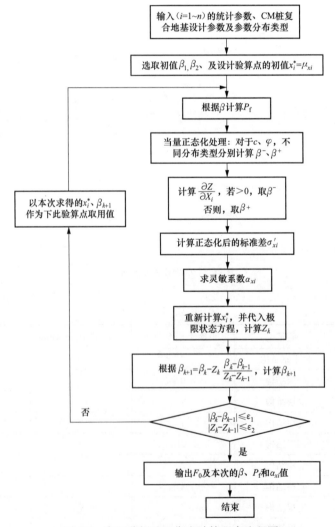

图 8-5 实用分析法可靠度计算程序流程图

8.1.5　CM 桩复合地基可靠度计算

经过试算可得：$\beta_1 = 3.412$。

经过 4 次迭代，可得 β 值见表 8-6。

表 8-6　　　　　　　　　　　　　经过 4 次迭代的 β 值

迭代次数	1	2	3	4
功能函数 Z	0.0845	0.0389	0.0387	0.0689
可靠指标 β	3.4120	3.4058	3.4248	3.4248

所以，这时的可靠度指标 β 为 3.4248，大于要求的 $\beta = 3.2$，这就表明了该 CM 桩复合地基能够满足竖向承载力的要求，承载力是可靠的。

8.2　CM 桩复合地基改善已有地基实例

8.2.1　工程概况

某小区原设计为六层全框架结构，后来规划调整变更为地上十一层，地下一层的小高层，故将原来设计的条形基础变更成桩基础，桩基设计为锤击预应力混凝土管桩，桩型为 PTC-500（80）A-C60-9，单桩竖向承载力特征值为 600kN，经实测单桩竖向承载力特征值为 320kN，经多方案做经济技术比较后，决定采用 CM 高强复合地基处理技术来解决本工程难题[4][5]。

8.2.2　施工难点

（1）场地现状是一个 3.46m 深的基坑，并且比较狭窄。因场地是一个深 3.46m 的基坑，场地占地大约为 70m×40m，建筑平面设计为"『"型（大约是由 50m×20m 和 17m×20m 的两个矩形拼接而成，其夹角为 57°），后院位移材料堆场被业主存放土方了。

（2）原设计柱网较小、桩位较密。

（3）地质条件对本工程的影响非常大。

按照正常情况本工程原来设计的预应力混凝土管桩本应该能够满足设计要求，但是静载荷试验值和设计值相差太远。场地的工程地质条件及剖面见表 8-7。

表 8-7　　　　　　　　　　　　　物理力学性质指标统计表

层号	岩土名称	平均层厚（m）	重度 γ（kN/m³）	C（kPa）	ϕ（°）	f_s（kPa）	f_{ak}（kPa）
1	表土	0.76	—	—	—	—	—
2	粉土	2.72	19	14	24	44	120
3	黏土	1.47	18.4	31	9.3	38	90
4	粉质黏土	3.65	19	35	11.4	72	150

续表

层号	岩土名称	平均层厚（m）	重度 γ（kN/m³）	C（kPa）	ϕ（°）	f_s（kPa）	f_{ak}（kPa）
5	含砂姜粉质黏土	5.48	19.10	43	14.2	130	200
6	粉质黏土	3.14	19.5	33	16.3	78	160
7	含砂姜粉质黏土	未揭穿	19.8	41	13.5	176	220

8.2.3 原因分析

本工程桩基单桩坚向承载力特征值设计与实测相差甚远，究其原因有以下几点。

（1）桩沉入深度不足。

（2）桩端未进入设计规定的持力层，但桩深已达设计值。

（3）最终贯入度过大。

（4）其他，诸如桩倾斜过大、断裂等原因导致单桩承载力下降。

（5）勘察报告所提供的地层剖面、地基承载力等有关数据与实际情况不符。

经综合分析本工程桩基单桩坚向承载力特征值不满足设计要求的主要原因系最终贯入度过大。

8.2.4 处理方法

打桩过程中，发现质量问题，施工单位切忌自行处理，必须报监理、业主，然后会同设计、勘察等相关部门分析、研究，做出正确处理方案。由设计部门出具修改设计通知。一般处理方法有补沉法、补桩法、送补结合法、纠偏法、扩大承台法、复合地基法等。

综合上述各处理方法，经过多方面的经济技术比较发现：桩间增设水泥土桩，在水泥土桩和预应力管桩上铺设400mm的碎石褥垫层利用CM三维高强复合地基处理技术，是一项完全彻底执行了国家的技术经济政策，真正做到了安全适用、技术先进、经济合理、确保质量、保护环境的目标。

8.2.5 CM桩施工方案

1. 施工工艺

对于本工程来说，由于原设计采用的是预应力管桩，现在为了充分利用原来设计的预应力管桩作为C桩，再在C桩桩间补水泥土桩（粉喷桩）作为M桩，这种顺序不仅满足《江苏省工程建设推荐性技术规程》（苏 JG/T 021—2011）第5.0.3条相关规定，而且符合本工程的实际情况。其预应力管桩施工应执行苏 G03—2012《先张法预应力混凝土管桩》和 JGJ 94—2012《建筑桩基技术规范》的相关规定，水泥土桩（粉喷桩）施工应执行 JGJ 79—2012《建筑地基处理技术规范》。

2. 质量检验

预应力管桩（C桩）承载力特征值见表8-8。

表 8-8　　　　　　　　　　预应力管桩（C 桩）承载力特征值

试桩桩号	最终加载量（kN）	相应沉降量（mm）	单桩竖向抗压承载力极限值（kN）	相应沉降量（mm）
3	840	47.71	720	9.70
4	720	42.79	600	12.68
75	1080	46.33	960	12.61
80	720	41.97	600	9.93

根据 JGJ 106—2014《建筑基桩检测技术规范》，对上述各桩的结果进行统计，其极差超过 30%，故剔除高值 960kN 取余下各值进行统计计算，判定 640kN 为该工程 C 桩竖向抗压极限承载力统计值，竖向抗压承载力特征值为 320kN。

水泥土桩（粉喷桩）（M 桩）承载力特征值见表 8-9。

表 8-9　　　　　　水泥土桩（粉喷桩）（M 桩）承载力特征值

试桩桩号	桩径（mm）	桩长（mm）	承载力实测值（kN）	承载力统计（kN）	承载力特征值（kN）
966	500	6.5	240	—	—
1310	500	6.5	240	—	—
146	500	6.5	240	—	—
996	500	6.5	240	240	120
790	500	6.5	240	—	—
466	500	6.5	240	—	—
696	500	6.5	240	—	—
699	500	6.5	240	—	—

根据实测数据，Q-s，s-$\lg p$，s-$\lg t^2$ 曲线进行分析，水泥土桩（粉喷桩）（M 桩）承载力特征值为 120kN，满足设计规范要求。

CM 三维高强复合地基承载力特征值见表 8-10。

表 8-10　　　　　　CM 三维高强复合地基承载力特征值

试桩桩号	最大加载量（kN）	沉降量（mm）	相应沉降量（mm）	测点承载力特征值（kPa）
1	900	9.06	8	≥250
3	900	9.92	8	≥250
5	900	10.46	8	≥250
7	900	13.62	8	≥250

根据实测数据，Q-s，s-$\lg p$，s-$\lg t^2$ 曲线进行分析，本工程所测 4 点 CM 三维高强复合地基承载力特征值不小于 250kPa，满足设计规范要求。

通过诸多方案的比对，选择 CM 三维高强复合地基处理技术来解决本工程实施过程中出现的问题，超过了设计预期的效果。本工程设计充分利用刚性桩、亚刚性桩、桩间土的空间组合得到深层及浅层三维方向高强度复合地基，取得了显著的效果，直接降低了工程成本近 50%，节省了工期，为以后在该软土地区推广应用本技术提供了一定的宝贵经验。

8.3 CM桩复合地基检测实例

近年来，通过对大量实际检测工程中试验数据的积累与总结，我们不难看出，CM桩复合地基最大限度地利用了两种桩的特点，提高了桩间土的参与作用，有效地提高了地基强度，有较好的应用前景，现通过以下实例介绍CM桩复合地基的检测方法。

在选取试验点时，通常会遇到下列两种情况：①对于均匀布桩的大面积处理地基，一般进行四桩复合地基载荷试验，示意图如图8-6所示；②对于独立承台下的处理地基，一般对承台下的所有桩进行多桩复合地基载荷试验，当载荷板面积过大时，也可以进行单桩复合地基载荷试验，载荷板面积可按承台面积除以承台下桩数确定，示意图如图8-7所示。此外，在严格按照置换率确定荷载板面积及尺寸的基础上，仍须注意在确定载荷板位置时，确保其没有压到邻近的桩，尤其对于非均匀布桩的处理地基，以免影响试验数据的科学性。

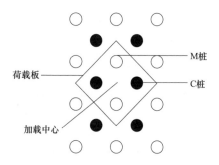

图8-6 四桩复合地基载荷试验

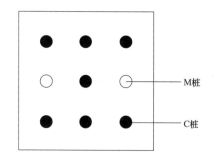

图8-7 单桩复合地基载荷试验

8.3.1 工程概况

某工程，地层分布为素填土、粉质黏土、砾砂、粉质黏土、微风化石灰岩，采用CM复合地基，C桩$\phi500$，M桩$\phi600$，桩间距为1.3m，布桩方式为正方形，其中C桩为长螺旋高压灌注桩，设计桩长大于等于7m，单桩复合地基承载力特征值为450kPa、460kPa；M桩为深层搅拌桩，设计桩长6.5m，单桩复合地基承载力特征值为250kPa；CM复合地基承载力特征值为360kPa、370kPa；在该检测工程中，按照《建筑地基处理技术规范》进行了C桩单桩复合地基载荷试验、M桩单桩复合地基载荷试验、CM复合地基载荷试验（四桩），其中单桩复合地基载荷试验压板尺寸为1.3m×1.3m(1.69m²)，CM复合地基载荷试验压板尺寸为2.5m×2.5m(6.25m²)；按照《建筑基桩检测技术规范》进行了M桩单桩载荷试验。

8.3.2 工程概况检测结果

复合地基荷载试验中具有代表性试验点的检测结果见表8-11。相关曲线如图8-8～图8-12所示。

M桩单桩载荷试验中具有代表性工程桩的检测结果见表8-12。试验曲线如图8-13所示。

表 8-11　　　　　　　　　　　　　　　　检 测 结 果 汇 总 表

检测点号	压板面积 (m²)	复合地基承载力特征值 (设计)(kPa)	最大试验荷载 (kN)	复合地基承载力特征值 (检测)(kPa)	最大沉降量 (mm)	残余沉降量 (mm)	复合地基承载力特征值(检测)对应沉降量 (mm)
C1	1.69	460	1554	460	22.87	17.61	10.98
C2	1.69	450	1520	450	19.74	14.25	10.02
M1	1.69	250	844	250	11.51	8.67	4.05
M2、M3、C3、C4	6.25	360	4500	360	14.19	9.62	4.77
M4、M5、C5、C6	6.25	370	4624	370	10.11	6.62	4.32

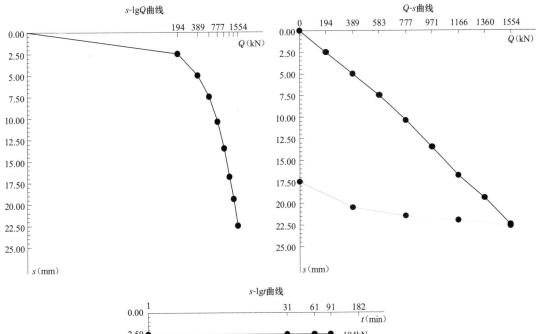

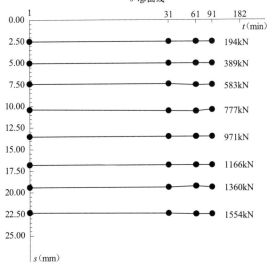

图 8-8　C1 号检测点试验曲线

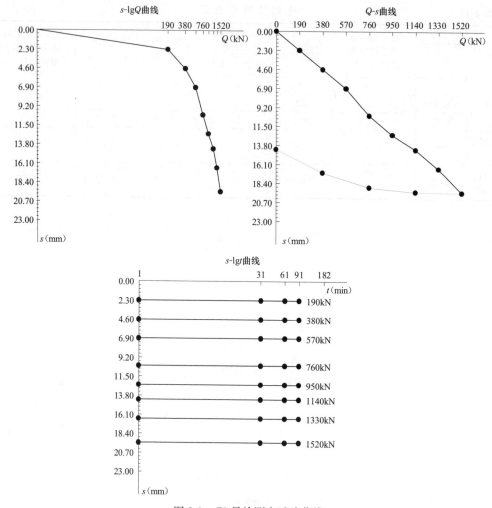

图 8-9　C2 号检测点试验曲线

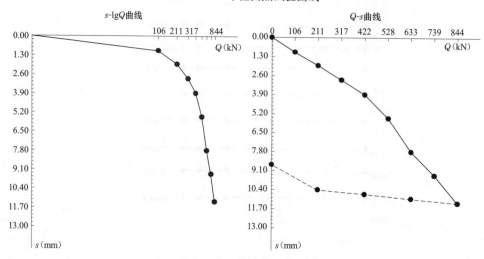

图 8-10　M1 号检测点试验曲线

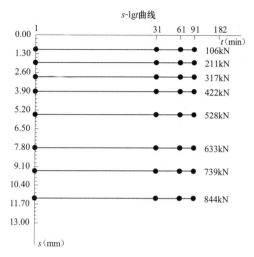

图 8-10　M1 号检测点试验曲线（续）

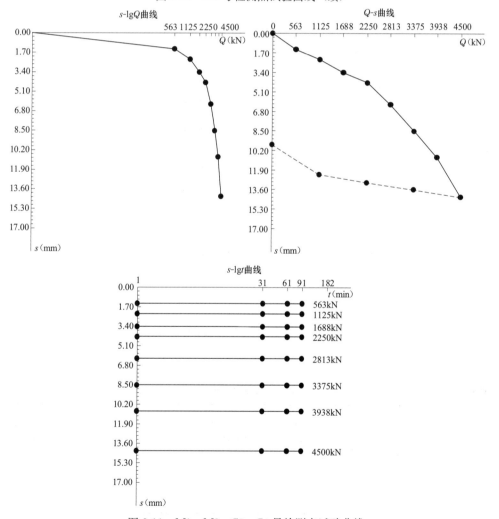

图 8-11　M1、M2、C3、C4 号检测点试验曲线

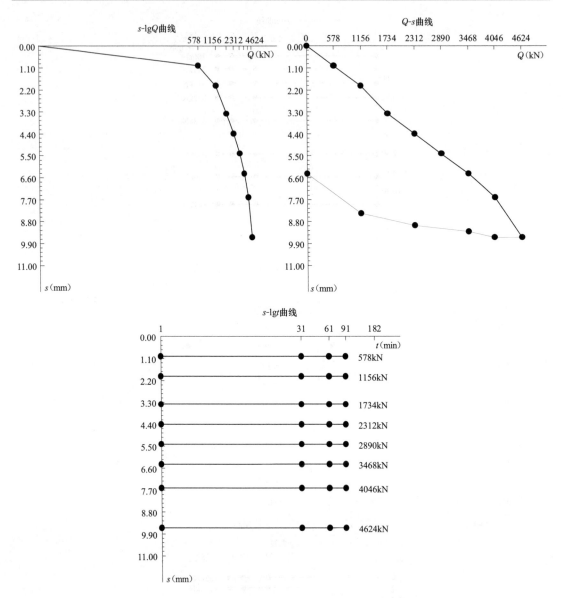

图 8-12 M4、M5、C5、C6 号检测点试验曲线

表 8-12 检 测 结 果 汇 总 表

工程桩号	桩径 (mm)	入土 桩长 (m)	复合地基 承载力特 征值（设计） （kPa）	单桩极限承载力 （mm）	最大沉降量 （mm）	残余沉降量 （mm）	承载力特征 值（设计） 对应沉降量 （mm）
M6	600	7.00	150	≥300	8.19	4.30	10.98

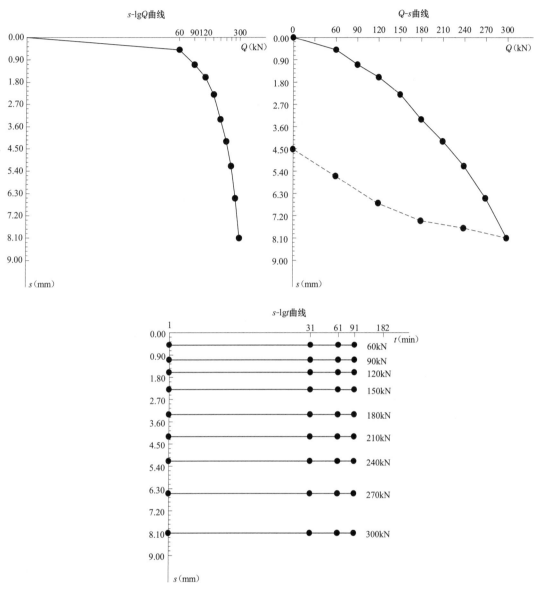

图 8-13 M6 号工程桩试验曲线

8.3.3 检测结论

C1 号检测点：试验加载到 1554kN 时，沉降量为 22.87mm，沉降量不大，而且 Q-s 曲线平缓，s-$\lg t$ 曲线呈平缓规则排列。综合分析，该检测点的承载力特征值为 460kPa。

C2 号检测点：试验加载到 1520kN 时，沉降量为 19.74mm，沉降量不大，而且 Q-s 曲线平缓，s-$\lg t$ 曲线呈平缓规则排列。综合分析，该检测点的承载力特征值为 450kPa。

M1 号检测点：试验加载到 844kN 时，沉降量为 11.51mm，沉降量不大，而且 Q-s 曲线平缓，s-$\lg t$ 曲线呈平缓规则排列。综合分析，该检测点的承载力特征值为 250kPa。

M2、M3、C3、C4 号检测点：试验加载到 4500kN 时，沉降量为 14.19mm，沉降量不大，而且 Q-s 曲线平缓，s-lg$t$ 曲线呈平缓规则排列。

综合分析，该检测点的承载力特征值为 360kPa。

M4、M5、C5、C6 号检测点：试验加载到 4624kN 时，沉降量为 10.11mm，沉降量不大，而且 Q-s 曲线平缓，s-lg$t$ 曲线呈平缓规则排列。

综合分析，该检测点的承载力特征值为 370kPa。

M6 号工程桩：试验加载到 300kN 时，总沉降量为 8.19mm，沉降量不大，而且 Q-s 曲线平缓，s-lg$t$ 曲线呈平缓规则排列。综合分析，该桩极限承载力为 $Q_u \geqslant 300$kN。

8.4　CM桩复合地基处理效果及经济效益实例

某办公综合楼，框架结构，地面 7 层，半地下室 1 层，建筑面积 9000m²。根据工程地质报告，场地地基土质由上至下依次为：填土厚 1.6～2.4m；粉土厚 2～2.9m，f_k＝135kPa；砂质粉土厚 3.6～4.0m，f_k＝150kPa；粉砂厚 8.4～9.8m，f_k＝160kPa，粉土层为中等偏高压缩性土，其下土层均为中等压缩性土。原设计采用了预应力混凝土管桩 ϕ550，240 根，桩长 11m；ϕ600，82 根，桩长 11.5m。由于管桩将穿过较厚的粉土层，即俗称的"铁板砂层"，且桩直径较大，间距较密，因此无论采用何种贯入方法都非常困难。笔者对附近先期施工的铁路新客站附楼桩基施工情况进行了调查，其地质资料与本工程雷同，采用 ϕ500 预应力混凝土管桩静压法贯入，结果至地下 5m 左右粉土层处受阻。此情况足以说明该工程不宜应用管桩基础。

8.4.1　CM 复合地基方案的提出

（1）本工程若采用天然地基，则基底为粉土层，属中等偏高压缩性土，会导致变形较大且不均匀，地基承载力也偏小。采用 CM 复合地基，正是对这些缺陷的补偿。

（2）CM 复合地基的可行性。CM 复合地基是由 C 桩（刚性桩）、M 桩（亚刚性桩或柔性桩）、桩间土及褥垫层等四部分组成的，通过交叉布置 CM 桩及褥垫层，使桩和土共同作用并构成平面及竖向合理的刚度级配梯度，达到理想的协同工作应力状态，亦即：其一，通过采用长 C 桩（进入深层良好土层）与短 M 桩（进入浅层较好的土层）的合理布置，形成三层地基刚度，从而调整地基的刚度分布，以达到有效地控制基础沉降的目的；其二，通过合理确定桩的间距形成土的三维应力状态，使土的强度得到大幅度提高和较充分利用；其三，通过布置褥垫层使地基与上部结构柔性连接，在水平荷载作用下，可以有效地传递垂直荷载。CM 复合地基这种刚度的调整，符合天然土层"浅弱深强"的一般规律和地基应力传递特征，补强了深浅部的地基刚度分布，并使之充分利用和提高桩间土的参与作用，有效地加强了地基强度。同时，与单一的桩基础相比，由于 CM 复合地基充分发挥了桩间土作用，其 C 桩（刚性桩）的用量较少且间距较大，而直径较小，从而使桩间土的挤压作用大为减弱，在降低了施工难度的同时既减少了工程量，也降低了造价。

8.4.2　CM复合地基的实施

根据以上分析和调查提出改用CM复合地基的方案，经设计方同意后，C桩采用加厚的ϕ400预应力混凝土管桩，桩长9m，共167根，M桩采用ϕ500水泥搅拌桩，桩长5.5m，共178根。褥垫层为厚350mm砂石垫层，其配合比为中砂：瓜子片：水＝5：3：1。先由北向南进行C桩施工，为减少噪声，采取静压贯入法，单桩压力控制值为1500～2000kN。M桩施工待C桩施工过半后实施，钻孔中采取了加压法，配重量250kg，采用二喷二搅，其水泥含量为300kg/m³。水灰比0.5。实际施工过程表明，进展相当顺利。

8.4.3　CM复合地基处理效果及经济效益

（1）动测与静载试验。动测结论为：所抽检的18根C桩均为I类完整桩；各桩混凝土强度达到设计要求。静载测试结论为：CM复合地基荷载板的极限承载力至少可取277.2kPa，此时对应的板顶沉降量为18.04mm，相对于复合地基承载力标准值160kPa（上部结构设计所需的地基承载力），其安全系数已高于1.7倍。而且沉降也小于设计允许的沉降量50mm。

（2）工程进度加快，工期缩短。CM复合地基施工中避免了单一桩穿过"铁板砂层"的技术难题。与附近同类工程管桩桩基施工处理工期约4个月相比，本工程桩基施工为时仅30天，效果非常明显。

（3）工程造价大幅度降低。原预应力混凝土管桩基础的造价为285.73万元，改用CM复合地基后造价为158万元，节约了44.7％。

本 章 参 考 文 献

[1]　龚晓南. 复合地基理论及工程应用 [M]. 杭州：浙江大学出版社，1992.

[2]　吴建华，等. 素混凝土桩、水泥土桩及土共同工作的复合地基设计 [J]. 江苏建筑，1999（01）：40～50.

[3]　张耀东，王晓东，孙秀杰. CM长短桩复合地基的设计与应用 [J]. 岩土工程技术. 2001（2）：41～44.

[4]　陶茂之，等. 高层建筑刚性桩复合地基的设计及研究 [J]. 建筑结构，1998（05）：38～42.

[5]　徐至钧，等. 水泥土搅拌法处理地基 [M]. 北京：机械工业出版社，2004.